ZEITSCHRIFT FÜR ANGEWANDTE MATHEMATIK UND MECHANIK

INGENIEURWISSENSCHAFTLICHE FORSCHUNGSARBEITEN

BAND 58 1978 HEFT 3

AUS DEM INHALT

H A U P T A U F S Ä T Z E

THEORIA CUM PRAXI

A K A D E M I E - V E R L A G · B E R L I N

ZAMM Bd. 58 Nr. 3 S. 121—176 Berlin, März 1978

EVP 18,— M 34115

INHALT

Wir bitten, **Manuskriptsendungen** zweifach (Original und eine Kopie, sprachlich einwandfrei, Formeln mit Maschine oder in Druckschrift geschrieben) an folgende Anschrift zu richten:

Zeitschrift für Angewandte Mathematik und Mechanik z. Hd. Herrn Prof. Dr. Günter Schmidt
Zentralinstitut für Mathematik und Mechanik an der Akademie der Wissenschaften der DDR
DDR-108 Berlin, Mohrenstraße 39.

Zu den Arbeiten, die als Hauptaufsätze bestimmt sind, ist auf gesondertem Blatt eine Zusammenfassung von 5 bis 10 Zeilen in englischer und (möglichst) deutscher und russischer Sprache beizufügen. Ausführliche Hinweise für die Autoren, um deren strikte Berücksichtigung gebeten wird, finden sich im Anschluß an das Inhaltsverzeichnis des Jahrganges **57** (1977).

Die Autoren erhalten von den Hauptaufsätzen 75, von den Kleinen Mitteilungen 25 Sonderdrucke ohne Berechnung, darüber hinaus weitere Sonderdrucke gegen Berechnung.

Der Verlag behält sich für alle Beiträge das Recht der Vervielfältigung und Übersetzung vor.

Bezugsmöglichkeiten: Bestellungen sind zu richten

— **in der DDR** an den Postzeitungsvertrieb, an eine Buchhandlung oder an den Akademie-Verlag, DDR-108 Berlin, Leipziger Straße 3—4

— **im sozialistischen Ausland** an eine Buchhandlung für fremdsprachige Literatur oder an den zuständigen Postzeitungsvertrieb

— **in der BRD und Westberlin** an eine Buchhandlung oder an die Auslieferungsstelle KUNST UND WISSEN, Erich Bieber, 7 Stuttgart 1, Wilhelmstraße 4—6

— **in Österreich** an den Globus-Buchvertrieb, 1201 Wien, Höchstädtplatz 3

— **im übrigen Ausland** an den Internationalen Buch- und Zeitschriftenhandel; den Buchexport, Volkseigener Außenhandelsbetrieb der Deutschen Demokratischen Republik, DDR-701 Leipzig, Postfach 160, oder an den Akademie-Verlag, DDR 108 Berlin, Leipziger Straße 3—4.

ZEITSCHRIFT FÜR ANGEWANDTE MATHEMATIK UND MECHANIK
Herausgeber und Chefredakteur: Prof. Dr. Günter Schmidt (redaktionelle Mitarbeit: Dr. W. Heinrich und Dr. H. Weinert), Zentralinstitut für Mathematik und Mechanik der Akademie der Wissenschaften der DDR. Verlag: Akademie-Verlag, DDR-108 Berlin, Leipziger Straße 3—4; Fernruf: 2236221 oder 2236229; Telex-Nr.: 114420; Postscheckkonto: Berlin 35021. Bank: Staatsbank der DDR, Berlin, Kto.-Nr.: 6836-26-20712. Anschrift der Redaktion: Zentralinstitut für Mathematik und Mechanik der Akademie der Wissenschaften, DDR-108 Berlin, Mohrenstraße 39, Fernruf: 2000561.

Veröffentlicht unter der Lizenznummer 1282 des Presseamtes beim Vorsitzenden des Ministerrates der Deutschen Demokratischen Republik. Gesamtherstellung VEB Druckerei „Thomas Müntzer", DDR-582 Bad Langensalza. Erscheinungsweise: Die Zeitschrift für Angewandte Mathematik und Mechanik erscheint monatlich. Die 12 Hefte eines Jahres einschließlich Tagungsheft bilden einen Band. Bezugspreis je Band 300,— M zuzüglich Versandspesen (Preis für die DDR 216,— M). Bezugspreis je Heft 25,— M (Preis für die DDR 18,— M). Bestellnummer dieses Heftes: 1009/58/3.

AN (EDV) 35 937

ZAMM 58, 121 – 132 (1978)

E. Mettler

Die Hecubabewegung im eingeschränkten Dreikörperproblem als Beispiel einer nichtlinearen Schwingung

Im Rahmen des eingeschränkten Dreikörperproblems werden die Bewegungen eines Planetoiden mit etwa halber Jupiter-Umlaufzeit als kleine Schwingungen um eine stationäre Kreisbewegung dargestellt. Dabei wird die Methode der säkularen Störungen benutzt. Es wird gezeigt, daß die Bewegungen die charakteristischen Merkmale nichtlinearer Schwingungen mit Zwangs- und Parametererregung und unterlinearer Rückstellkraft haben. Im einzelnen ergeben sich stabile und instabile stationäre Schwingungen sowie Übergangsschwingungen, die den periodischen sowie den Librationslösungen des eingeschränkten Dreikörperproblems entsprechen.

Using the method of secular perturbations within the restricted problem of three bodies the paper presents the motions of an asteroid revolving with nearly half the period of Jupiter as small oscillations about a steady circular motion. It is shown that the motions have the characteristic features of both forced and parametrically excited nonlinear vibrations with softening restoring force. In particular there are stable and unstable stationary vibrations corresponding with the periodic solutions and transient vibrations corresponding to the librational solutions of the restricted problem of three bodies.

В рамках ограниченной проблемы трёх тел иллюстрируются движения некоторого планетоида с периодом обращения, равным приблизительно половине периода обращения Юпитера, как маленькие колебания около некоторого стационарного кругового движения. При этом используется метод вековых возмущений. Показывается, что движения обладают характеристическими признаками нелинейных колебаний с принудительным возбуждением и возбуждением, вызванным параметрами, а также с сублинейной возвратной силой. В частности, получаются устойчивые и неустойчивые стационарные колебания, а также переходные колебания, соответствующие как периодическим, так и либрационным решениям ограниченной проблемы трёх тел.

1. Einleitung

Die vorliegende Arbeit behandelt ein Problem der Himmelsmechanik. Sie hat aber nicht das Ziel, der Astronomie neue Erkenntnisse über die Bewegung der Himmelskörper zu vermitteln. Vielmehr will sie an einem ausgewählten Beispiel zeigen, daß sich in unserem Sonnensystem Bewegungen abspielen, die sich weitgehend als nichtlineare Schwingungen interpretieren lassen. Es scheint, daß dieser Sachverhalt in der Literatur noch nicht mit der wünschenswerten Klarheit bemerkt worden ist. Insofern soll das Folgende weniger als Beitrag zur Himmelsmechanik als zu der viel jüngeren Schwingungslehre verstanden werden. Den konkreten Gegenstand der Betrachtung bilden Planetoiden, die unter der großen Menge dieser zwischen Mars und Jupiter um die Sonne kreisenden kleinen Himmelskörper dadurch ausgezeichnet sind, daß ihre Bahnebene nahezu mit der des Jupiter zusammenfällt, daß ihre Bahn wenig von der Kreisform abweicht und daß ihre Umlaufzeit etwa halb so groß wie die des Jupiter ist. Solche Planetoiden gibt es tatsächlich in größerer Zahl.

Trägt man die Umlaufzeiten aller bekannten Planetoiden auf einer Koordinatenachse ab, so findet man darauf einige mehr oder weniger ausgeprägte Lücken, und zwar fehlen die Planetoiden in der Umgebung mehrerer Stellen, in denen sich die Umlaufzeiten zu derjenigen des Jupiter wie kleine ganze Zahlen verhalten. Eine übersichtliche graphische Darstellung dazu gibt Brouwer [1]. Diese „Kommensurabilitätslücken"[1]) sind schon oft und intensiv untersucht worden. Da sie nicht unser eigentliches Thema sind, sei zu ihrem Schrifttum nur das Werk von Stumpff [2] und die Zusammenstellung von Hagihara [3] genannt. Die neuesten Forschungen finden sich in der astronomischen Literatur verstreut. Eine schlüssige Erklärung der Lücken ist noch nicht gefunden worden; es steht aber fest, daß die genannten Zahlenverhältnisse der Umlaufzeiten zu einer resonanzartigen Antwort der Planetoiden auf die Gravitationswirkung des Jupiter führen. Diese besonderen Planetoidenbewegungen sollen im folgenden betrachtet werden, und zwar unter Beschränkung auf das Umlaufzeitverhältnis 1:2. Nach dem Planetoiden Hecuba, für den dieses Verhältnis genähert zutrifft, heißt die zugehörige Kommensurabilitätslücke die Hecubalücke, und wir nennen die gesuchten Bewegungen kurz die Hecubabewegung.

Das mechanische Modell, das im folgenden benutzt wird, ist das eingeschränkte Dreikörperproblem: Zwei Massenpunkte S und J führen eine Zweikörperbewegung auf Kreisbahnen aus, während sich ein dritter Massenpunkt P mit verschwindend kleiner Masse unter der Anziehung der beiden ersten in deren Bahnebene bewegt. Dieses Modell ist in dem System Sonne (S), Jupiter (J) und Planetoid (P) ziemlich gut verwirklicht, diente schon vielfach zur Untersuchung der Hecubabewegung und muß deren wesentliche Züge richtig wiedergeben. Das mathematische Verfahren unserer Betrachtung ist eine besondere Form des Verfahrens, das in der Astronomie die säkularen Störungen aufsucht und das die kanonische Form der in der Schwingungslehre geläufigen Methode der langsam veränderlichen Amplitude und Phase darstellt. Auf diesem Weg gab der Verfasser [4, 5, 6] eine Übersicht über einen weiten Bereich von nichtlinearen Schwingungsproblemen, und der gleiche Weg erlaubt es, die Hecubabewegung in eine Reihe zu stellen mit solchen irdischen Phänomenen. Das soll der Hauptpunkt der vorliegenden Arbeit sein, und er soll mit astronomisch gesehen unkonventionellen Koordinaten ohne Anspruch auf quantitative Exaktheit in ausreichender qualitativer Näherung dargestellt werden.

---

[1]) Im angelsächsischen Sprachgebrauch nach dem Entdecker auch „Kirkwood Gaps" genannt.

2. Die Hamilton-Funktion der Nachbarbewegungen der ungestörten Kreisbewegung

Bild 1 zeigt die Situation des eingeschränkten Dreikörperproblems. Die Sonne S hat die Masse m_S, Jupiter J die Masse m_J und der Planetoid P die kleine Masse m_P. Der Schwerpunkt von S und J liegt in O, die Strecke $\overline{SJ} = a_0$ rotiert mit der konstanten Winkelgeschwindigkeit Ω und hat die Teile

$$a_1 = \frac{a_0 \mu}{1+\mu}, \qquad a_2 = \frac{a_0}{1+\mu}, \tag{1}$$

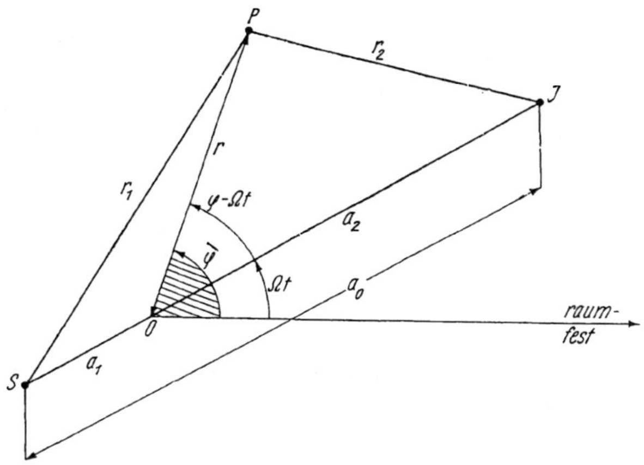

Bild 1. Eingeschränktes Dreikörperproblem

worin das Massenverhältnis $\mu = m_J/m_S = 1/1047{,}35$ eingeführt ist. Bezeichnet k^2 die Gravitationskonstante, so folgt als Ausdruck für das Gleichgewicht zwischen Gravitation und Fliehkraft an S und J

$$\Omega = k \left(\frac{m_S + m_J}{a_0^3}\right)^{1/2}. \tag{2}$$

Mit den Polarkoordinaten r, φ von P ergibt sich aus Bild 1 für die Abstände $r_1 = \overline{SP}$ und $r_2 = \overline{JP}$

$$r_1^2 = r^2 + a_1^2 + 2a_1 r \cos(\varphi - \Omega t), \tag{3.1}$$

$$r_2^2 = r^2 + a_2^2 - 2a_2 r \cos(\varphi - \Omega t), \tag{3.2}$$

und damit wird die kinetische Energie T sowie die potentielle Energie U von P

$$T = \frac{m_P}{2}(\dot r^2 + r^2\dot\varphi^2), \qquad U = -k^2 m_P\left(\frac{m_S}{r_1} + \frac{m_J}{r_2}\right), \tag{4}$$

worin ein Punkt die Ableitung nach der Zeit t bedeutet.

Als Sonderfall betrachten wir zunächst die ungestörte stationäre Bewegung von P. Ungestört heißt $m_J = \mu = 0$, die Einwirkung von J auf P soll verschwinden, und stationär heißt $r = r_0 = \text{const}$, $\dot\varphi = \dot\varphi_0 = \text{const}$. Entsprechend (2) ist

$$\dot\varphi_0 = k\left(\frac{m_S}{r_0^3}\right)^{1/2}. \tag{5}$$

Für Hecuba setzen wir $\dot\varphi_0 = 2\Omega$ fest. Dann ergibt (2) mit (5)

$$\left(\frac{a_0}{r_0}\right)^3 = 4(1+\mu), \tag{6}$$

womit die ungestörte stationäre Bewegung als gleichförmige Kreisbewegung vollständig angegeben ist.

Nun werden neue dimensionslose Veränderliche eingeführt, und zwar durch

$$\tau = \Omega t \tag{7}$$

eine neue unabhängige Variable, wobei ein Strich die Ableitung nach τ bezeichnen soll, und durch

$$\begin{aligned} r &= r_0(1+q_1), \qquad & \varphi &= 2\tau + q_2, \\ r' &= r_0 p_1, \qquad & \varphi' &= \frac{r_0^2}{r^2}(2+p_2) \end{aligned} \tag{8}$$

neue unabhängige Variable p_1, p_2, q_1, q_2, welche die Abweichungen der Koordinaten r, φ und ihrer Ableitungen r', φ' von ihren ungestört stationären Werten angeben sollen. Dabei ist zu beachten, daß für Hecuba speziell $\varphi_0' = 2$ wird. Damit ist der Grundgedanke der vorliegenden Arbeit angesprochen: Es sollen die einer stationären Bewegung benachbarten kleinen Schwingungen aufgesucht werden. Die Differentialgleichungen für die neuen Variabeln sind die zu der Hamilton-Funktion

$$H = \frac{1}{2}\left(p_1^2 + \frac{(2+p_2)^2}{(1+q_1)^2}\right) - 2p_2 - 4r_0\left(\frac{1}{r_1} + \frac{\mu}{r_2}\right) \tag{9}$$

gehörenden kanonischen Gleichungen. Die p_i, q_i sind also kanonisch konjugierte Veränderliche. Man kann diese Tatsachen mit dem bekannten Formalismus aus dem kinetischen Potential $L = T - U$ mittels (4) ableiten.

3. Ungestörte Bewegung und kanonische Transformation der Variabeln

Wir betrachten in diesem Abschnitt den Fall $\mu = 0$ der ungestörten, aber nicht mehr stationären Bewegung. Sie ist eine autonome Bewegung mit zeitfreier HAMILTON-Funktion H_0, astronomisch gesprochen die KEPLER-Bewegung des Planetoiden. In (9) ist q_2 jetzt zyklisch, d. h. nicht mehr enthalten, deshalb ist $p_2 = \text{const}$. Entwickelt man nun H_0, das aus (9) für $\mu = 0$ entsteht, nach Potenzen von q_1, p_1, p_2, so lauten die drei zugehörigen maßgebenden kanonischen Differentialgleichungen

$$q_1' = p_1 , \tag{10.1}$$

$$p_1' = -4q_1 + 4p_2 + 12q_1^2 - 12q_1p_2 + p_2^2 - 24q_1^3 + 24q_1^2p_2 - 3q_1p_2^2 + 40q_1^4 + \dots , \tag{10.2}$$

$$q_2' = -4q_1 + p_2 + 6q_1^2 - 2q_1p_2 + 3q_1^2p_2 - 8q_1^3 + \dots . \tag{10.3}$$

Dazu soll eine kanonische Transformation $p_i, q_i \to \bar{p}_i, \bar{q}_i$ $(i = 1,2)$ derart bestimmt werden, daß $H_0(p_1, p_2, q_1)$ in $\bar{H}_0(\bar{p}_1, \bar{p}_2)$ übergeht, mithin die $\bar{q}_i$ nicht enthält. Wie man aus der HAMILTON-JACOBIschen Theorie weiß, besteht für die Wahl von $\bar{H}_0$ eine gewisse Willkür, für die Transformation also eine Unbestimmtheit, die für eine zweckmäßige Gestaltung ausgenutzt werden kann. Wir verfahren nach der asymptotischen Methode, angewendet auf (10.1) und (10.2) in der Form der Arbeit [7], wobei jetzt erhebliche Abkürzungen möglich sind, und benutzen zusätzlich die LAGRANGEschen Klammerbedingungen [8].

Unser Ansatz für die Transformation lautet

$$q_1 = \sum_{j=1}^{n} \overset{(j)}{u}(\bar{p}_1, \bar{p}_2, \bar{q}_1, \tau), \qquad p_1 = \sum_{j=1}^{n} \overset{(j)}{v}(\bar{p}_1, \bar{p}_2, \bar{q}_1, \tau), \qquad p_2 = \bar{p}_2 . \tag{11}$$

Darin ist q_2 noch nicht berücksichtigt; es wird später behandelt. Die neue Variable $\bar{q}_1$ soll der Differentialgleichung

$$\bar{q}_1' = \frac{\partial \bar{H}_0}{\partial \bar{p}_1} = \sum_{j=1}^{n} \overset{(j)}{B}(\bar{p}_1, \bar{p}_2) \tag{12}$$

genügen, während voraussetzungsgemäß $\bar{p}_1' = \bar{p}_2' = 0$ ist. Die Zahl n bedeutet die Nummer der durch (11), (12) erreichten Näherung. Der Index (j) an den Funktionen u, v, B besagt, daß die betreffenden Größen klein von j-ter Ordnung sind[2]). Der Term $\bar{p}_2$ wird als klein von zweiter Ordnung eingestuft, um ihm, wie sich sogleich als zweckmäßig ergeben wird, die gleiche Größenordnung wie $\bar{p}_1$ zu geben. Die Transformation (11) wird zusammen mit (12) und den ausgeschriebenen Differentialquotienten

$$q_1' = \frac{\partial q_1}{\partial \bar{q}_1}\bar{q}_1' + \frac{\partial q_1}{\partial \tau}, \qquad p_1' = \frac{\partial p_1}{\partial \bar{q}_1}\bar{q}_1' + \frac{\partial p_1}{\partial \tau}$$

in (10.1) und (10.2) eingesetzt. In den so entstehenden Gleichungen werden jeweils die Glieder gleicher Größenordnung unter sich verglichen. Dann folgt für die Glieder erster Ordnung

$$\frac{\partial^2 \overset{(1)}{u}}{\partial \tau^2} + 4\overset{(1)}{u} = 0 , \qquad \overset{(1)}{v} = \frac{\partial \overset{(1)}{u}}{\partial \tau} \tag{13}$$

und für die Glieder j-ter Ordnung (mit der Summe der oberen Indizes gleich $j > 1$)

$$\frac{\partial^2 \overset{(j)}{u}}{\partial \tau^2} + 4\overset{(j)}{u} = -\sum_{l=1}^{j-1} \frac{\partial}{\partial \bar{q}_1}\left(\frac{\partial \overset{(j-l)}{u}}{\partial \tau} + \overset{(j-l)}{v}\right)\overset{(l)}{B} + \overset{(j)}{f}, \tag{14.j}$$

$$\overset{(j)}{v} = \frac{\partial \overset{(j)}{u}}{\partial \tau} + \sum_{l=1}^{j-1} \frac{\partial \overset{(j-l)}{u}}{\partial \bar{q}_1}\overset{(l)}{B}, \qquad (j = 2, \dots , n) \tag{15.j}$$

mit

$$\overset{(2)}{f} = 4\bar{p}_2 + 12\overset{(1)}{u}{}^2 , \tag{16.2}$$

$$\overset{(3)}{f} = 24\overset{(1)}{u}\overset{(2)}{u} - 12\overset{(1)}{u}\bar{p}_2 - 24\overset{(1)}{u}{}^3 , \tag{16.3}$$

$$\overset{(4)}{f} = 12\left(2\overset{(2)}{u}\overset{(3)}{u} + \overset{(2)}{u}{}^2\right) - 12\overset{(2)}{u}\bar{p}_2 - 72\overset{(1)}{u}{}^2\overset{(2)}{u} + 24\overset{(1)}{u}{}^2\bar{p}_2 + 40\overset{(1)}{u}{}^4 + \bar{p}_2^2 . \tag{16.4}$$

Die Gleichungen (13), (14.j) werden als gewöhnliche Differentialgleichungen mit der unabhängigen Variablen τ aufgefaßt und sukzessive gelöst. Als Beginn und Lösung von (13) dienen die Funktionen

$$\overset{(1)}{u} = \sqrt{\bar{p}_1}\sin\sigma, \quad \overset{(1)}{v} = 2\sqrt{\bar{p}_1}\cos\sigma , \quad \sigma = 2\tau + \bar{q}_1 . \tag{17}$$

In der weiteren Rechnung sollen die u, v als trigonometrische Summen mit dem Argument σ und mit Koeffizienten herauskommen, die Polynome von $\sqrt{\bar{p}_1}$ und $\sqrt{\bar{p}_2}$ sind und deren Grad gleich der Ordnung j ist. Dabei soll $\sqrt{\bar{p}_2}$ nur quadratisch auftreten, da dies auch in (16.j) der Fall ist. Säkulare Glieder mit Faktoren τ außerhalb der trigonome-

[2]) Der in [7] benutzte Entwicklungsparameter ε ist hier entbehrlich.

trischen Funktionen sind verboten und sollen durch geeignete Bestimmung der $\overset{(j)}{B}$ vermieden werden. In (14.2) verschwindet rechts der „kritische“, auf ein säkulares Glied führende Term mit $\sin\sigma$, wenn man

$$\overset{(1)}{B} = 0 \tag{18}$$

setzt. Dann liefert die Lösung von (14.2), (15.2)

$$\overset{(2)}{u} = \frac{3}{2}\bar{p}_1 + \bar{p}_2 + \frac{\bar{p}_1}{2}\cos 2\sigma\,, \tag{19}$$

$$\overset{(2)}{v} = -\,2\bar{p}_1 \sin 2\sigma\,. \tag{20}$$

Ebenso beseitigt man in (14.3) den kritischen Term durch die Größe

$$\overset{(2)}{B} = -\,3(\bar{p}_1 + \bar{p}_2) \tag{21}$$

und schreibt die Lösung von (14.3), (15.3) in der Form

$$\overset{(3)}{u} = -\,\tfrac{3}{8}\,\bar{p}_1\sqrt{\bar{p}_1}\sin 3\sigma + \sqrt{\bar{p}_1}\Big(\overset{(3)}{C}\bar{p}_1 + \overset{(3)}{D}\bar{p}_2\Big)\sin\sigma\,, \tag{22}$$

$$\overset{(3)}{v} = -\,\tfrac{9}{4}\,\bar{p}_1\sqrt{\bar{p}_1}\cos 3\sigma + \sqrt{\bar{p}_1}\Big(\big(2\overset{(3)}{C} - 3\big)\bar{p}_1 + \big(2\overset{(3)}{D} - 3\big)\,\bar{p}_2\Big)\cos\sigma\,. \tag{23}$$

In (22) ist ganz rechts die Lösung der homogenen Differentialgleichung mit den freien Konstanten $\overset{(3)}{C}$ und $\overset{(3)}{D}$ eingeführt, deren Bestimmung dazu dienen soll, die Transformation kanonisch zu machen. Auf eine entsprechende Erweiterung der Lösung (19) von (14.2) mit Konstanten $\overset{(2)}{C}, \overset{(2)}{D}$ verzichten wir zweckmäßigerweise. Man rechnet leicht nach, daß so aus (16.4), (18) bis (23) eine Gleichung (14.4) entsteht, in der $\overset{(3)}{B} = 0$ sein muß, damit das kritische Glied verschwindet. Dadurch bildet (21) allein die rechte Seite von (12) bis einschließlich zum Glied dritter Ordnung. Endlich suchen wir zu erreichen, daß die Transformation (11) der Lagrangeschen Klammerbedingung [8]

$$[\bar{q}_1, \bar{p}_1] = \frac{\partial q_1}{\partial \bar{q}_1}\frac{\partial p_1}{\partial \bar{p}_1} - \frac{\partial p_1}{\partial \bar{q}_1}\frac{\partial q_1}{\partial \bar{p}_1} = 1 \tag{24}$$

genügt. Führt man (11) und (17), (19), (20), (22), (23) in (24) ein, so findet man links einen Ausdruck mit Gliedern nullter bis vierter Ordnung, in dem das Glied der Ordnung Null gleich Eins wird und die Glieder erster und zweiter Ordnung verschwinden, wenn man

$$\overset{(3)}{C} = \tfrac{1}{4}\,, \quad \overset{(3)}{D} = \tfrac{3}{4} \tag{25}$$

setzt, so daß (24) bis zur zweiten Ordnung erfüllt ist.

Damit ist die dritte Näherung $(n = 3$ in (11), (12)) für p_1, q_1 formuliert und gleichzeitig erreicht, daß (11) Teil einer kanonischen Transformation ist. Um diese zu vervollständigen, muß man eine letzte Beziehung

$$q_2 = q_2(\bar{p}_1, \bar{p}_2, \bar{q}_1, \bar{q}_2, \tau) \tag{26}$$

finden und muß zu dem Zweck die Lagrangeschen Klammerbedingungen [8]

$$[\bar{q}_i, \bar{p}_l] = \delta_{il}, [\bar{p}_i, \bar{p}_l] = 0\,, \quad [\bar{q}_i, \bar{q}_l] = 0 \qquad (i, l = 1, 2)\,, \tag{27}$$

in denen δ_{il} das Kronecker-Symbol bedeutet, über (24) hinaus vollständig anschreiben. Dann findet sich, daß neben (24) und einer Reihe identisch erfüllter Beziehungen zwei wesentliche stehen bleiben, nämlich

$$\frac{\partial q_2}{\partial \bar{q}_2} = 1 \quad \text{und} \quad \frac{\partial q_2}{\partial \bar{q}_1} = \frac{\partial q_1}{\partial \bar{p}_2}\frac{\partial p_1}{\partial \bar{q}_1} - \frac{\partial p_1}{\partial \bar{p}_2}\frac{\partial q_1}{\partial \bar{q}_1}\,. \tag{28}$$

Setzt man darin die Summen (11) mit (17), (19), (20), (22), (23) und (25) ein, so folgt durch Integration die gesuchte Beziehung (26) zu

$$q_2 = \bar{q}_2 + 2\sqrt{\bar{p}_1}\cos\sigma - \tfrac{5}{4}\,\bar{p}_1\sin 2\sigma\,. \tag{29}$$

Dazu sei bemerkt, daß man in (28) die Glieder dritter Ordnung von p_1, q_1 braucht, um in (29) die Glieder zweiter Ordnung richtig zu erhalten. Diese werden aber, wie sich zeigen wird, ausreichen. Die damit vervollständigte kanonische Transformation $p_i, q_i \to \bar{p}_i, \bar{q}_i$ $(i = 1, 2)$ führt H_0 in eine Funktion $\overline{H}_0$ über, die unten in (31) angegeben ist. Man erhält $\overline{H}_0$ natürlich durch Einsetzen der Transformation in H_0, aber auch kürzer durch Vergleich von q_2' nach (10.3) mit dem aus (29) abgeleiteten q_2', woraus sich mit (18), (21) rasch

$$\bar{q}_2' = -\,3\,(\bar{p}_1 + \bar{p}_2) = \overset{(2)}{B} = \bar{q}_1' \Rightarrow \frac{\partial \overline{H}_0}{\partial \bar{p}_1} = \frac{\partial \overline{H}_0}{\partial \bar{p}_2} = \overset{(2)}{B} \tag{30}$$

ergibt.

Zur Darstellung der Bewegung gebrauchen wir von jetzt ab neben der Hamilton-Funktion nur noch in zweiter Näherung die Ausdrücke für die beiden Koordinaten q_1 und q_2, die deshalb aus den gegebenen Gleichungen noch einmal zusammengestellt seien. Es ist

$$\bar{H}_0 = -\tfrac{3}{2}(\bar{p}_1 + \bar{p}_2)^2\,, \tag{31}$$

$$q_1 = \sqrt{\bar{p}_1}\sin(2\tau + \bar{q}_1) + \frac{\bar{p}_1}{2}\cos(4\tau + 2\bar{q}_1) + \frac{3}{2}\bar{p}_1 + \bar{p}_2\,, \tag{32}$$

$$q_2 = \bar{q}_2 + 2\sqrt{\bar{p}_1}\cos(2\tau + \bar{q}_1) - \tfrac{5}{4}\bar{p}_1\sin(4\tau + 2\bar{q}_1)\,. \tag{33}$$

Die ungestörte KEPLER-Bewegung von Hecuba wird nun durch (8), (32), (33) zusammen mit den aus (31) folgenden Lösungen

$$\bar{p}_i = \text{const}\,, \qquad \bar{q}_i = -3(\bar{p}_1 + \bar{p}_2)\tau + \beta_i\,, \qquad i = 1, 2 \tag{34}$$

mit den vier Integrationskonstanten $\bar{p}_i$, β_i als nichtlineare freie Schwingung um die stationäre Kreisbewegung in Polarkoordinaten r, φ beschrieben. Unter diesen Schwingungen ist für $\bar{p}_1 = 0$, $\bar{p}_2 \neq 0$ auch die benachbarte stationäre Kreisbewegung enthalten. Im einzelnen haben die Radialkomponente und die Winkelkomponente der Schwingung die Frequenz $(2 + \bar{q}_1')\,\Omega$, während der Gesamtwinkel φ überdies noch einen zeitlich linearen Anteil $2\tau + \bar{q}_2$ mit der Winkelgeschwindigkeit $(2 + \bar{q}_2')\,\Omega = (2 + \bar{q}_1')\,\Omega$ besitzt. Die elliptische Bahn in ihrer Lage zu den stationären Kreisen ist in Bild 2 schematisch dargestellt. Dort sind auch die wesentlichen Strecken auf der Längsachse der Ellipse durch r_0, $\bar{p}_1$, $\bar{p}_2$ ausgedrückt, wie sich aus (8), (32) ergibt, und man findet die beiden Bestimmungsstücke der Bahnform, nämlich die Exzentrizität ε und die große Halbachse a der Ellipse, zu

$$\varepsilon = 1 - 2\frac{\overline{OD}}{\overline{CD}} = \sqrt{\bar{p}_1}\,,$$

$$a = \tfrac{1}{2}\overline{CD} = r_0(1 + \bar{p}_1 + \bar{p}_2)\,.$$

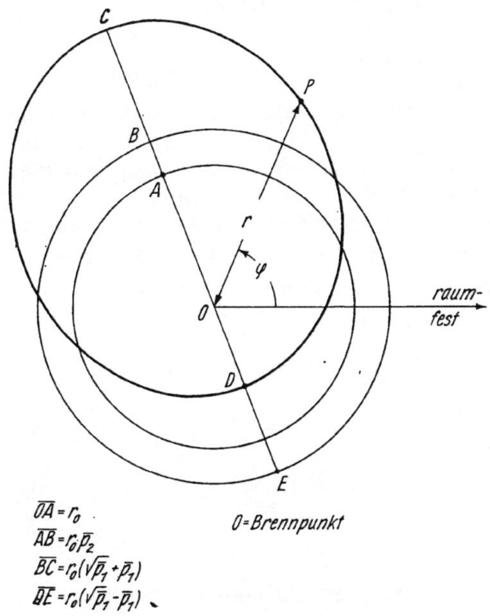

Bild 2. Schematische Skizze der ungestörten Bahn

4. Der säkulare Teil der Hamilton-Funktion der gestörten Bewegung

Zur Bildung der vollen HAMILTON-Funktion (9) in der Form

$$H = H_0 + \mu H_1 \tag{35}$$

muß jetzt noch die Störungsfunktion μH_1 betrachtet werden. Sie soll das Glied mit dem Faktor μ aus $-4r_0(1/r_1 + \mu/r_2)$ sein. Auch μH_1 entwickeln wir nach Potenzen von q_1, wegen der Kleinheit von μ ($\approx 1 \cdot 10^{-3}$) allerdings nur bis zum quadratischen Glied. Setzt man (1), (6), (7), (8) in (3.1) ein, bildet aus dem Ergebnis den Ausdruck $4r_0/r_1$ und aus ihm seine TAYLOR-Entwicklung nach μ bis zu dem hier ausreichenden linearen Glied, so entsteht

$$\frac{r_0}{r_1} = \frac{1}{1 + q_1} - 4^{1/3}\mu\,(1 - 2q_1 + 3q_1^2)\cos(\tau + q_2)\,. \tag{36}$$

Davon gehört $1/(1 + q_1)$ zu H_0, der Rest zu μH_1. Aus (3.2), (7), (8) wird

$$\left(\frac{r_2}{r_0}\right)^2 = (1 + q_1)^2 + \left(\frac{a_2}{r_0}\right)^2 - 2\frac{a_2}{r_0}(1 + q_1)\cos(\tau + q_2)$$

$$= \Phi\left[1 + \frac{1}{\Phi}\left(2q_1 + q_1^2 - 2\frac{a_2}{r_0}q_1\cos(\tau + q_2)\right)\right]$$

mit

$$\Phi = 1 + \left(\frac{a_2}{r_0}\right)^2 - 2\frac{a_2}{r_0}\cos(\tau + q_2), \qquad \frac{a_2}{r_0} = \left(\frac{2}{1+\mu}\right)^{2/3}$$

Daraus folgt

$$\frac{r_0}{r_2} = \frac{1}{\sqrt{\Phi}} - \frac{q_1}{\Phi\sqrt{\Phi}}\left(1 - \frac{a_2}{r_0}\cos(\tau + q_2)\right) + \frac{q_1^2}{2\sqrt{\Phi}}\left(\frac{3}{\Phi^2}\left(1 - \frac{a_2}{r_0}\cos(\tau + q_2)\right)^2 - \frac{1}{\Phi}\right). \tag{37}$$

Darin können die Faktoren von q_1^2, q_1^1 und q_1^0 numerisch in FOURIER-Reihen entwickelt werden, die in der genannten Reihenfolge

$$\sum_{m=0}^{\infty} g_m \cos m(\tau + q_2), \qquad \sum_{m=0}^{\infty} d_m \cos m(\tau + q_2), \qquad \sum_{m=0}^{\infty} b_m \cos m(\tau + q_2) \tag{38}$$

lauten sollen. Aus (37) und dem zweiten Glied von (36) setzt sich dann die Störungsfunktion

$$\mu H_1 = -4\mu \sum_{m=0}^{\infty} (b_m + q_1 d_m + q_1^2 g_m)\cos m(\tau + q_2) + 4^{4/3}\mu(1 - 2q_1 + 3q_1^2)\cos(\tau + q_2) \tag{39}$$

zusammen.

Wir schreiben (33) in der Gestalt

$$q_2 = \bar{q}_2 + \tilde{q}, \qquad \tilde{q} = 2\sqrt{\bar{p}_1}\cos(2\tau + \bar{q}_1) - \tfrac{5}{4}\bar{p}_1 \sin(4\tau + 2\bar{q}_1)$$

und setzen mittels der Potenzreihen für $\cos\tilde{q}$, $\sin\tilde{q}$

$$\cos m(\tau + q_2) = \left(1 - \frac{m^2}{2}\tilde{q}^2\right)\cos m(\tau + \bar{q}_2) - m\tilde{q}\sin m(\tau + \bar{q}_2). \tag{40}$$

Dann liefert (32) und (40) in (39) eingeführt die transformierte Störungsfunktion der Form

$$\mu \bar{H}_1 = \sum_{l,m} a_{lm} \begin{matrix}\sin\\ \cos\end{matrix} \left(l(2\tau + \bar{q}_1) + m(\tau + \bar{q}_2)\right), \qquad l, m \gtreqless 0, \text{ ganz}. \tag{41}$$

Die sinus- und cosinus-Glieder, abgekürzt mit gleichen Koeffizienten $a_{lm} = a_{lm}(\bar{p}_1, \bar{p}_2)$ geschrieben, haben nach Einsetzen der ungestörten Lösung (34) „große" Frequenzen $(2l + m + l\bar{q}_1' + m\bar{q}_2')\,\Omega$ für $m \neq -2l$, sie oszillieren rasch gegenüber den Gliedern mit $m = -2l$; die letzteren haben die Argumente $l(\bar{q}_1 - 2\bar{q}_2)$ und die „kleinen" Frequenzen $l(\bar{q}_1' - 2\bar{q}_2')\,\Omega$. Die Theorie der säkularen Störungen, die wir verwenden, behält von (41) nur diese „langsamen" Glieder bei. Wir beschränken uns dabei auf Glieder erster und zweiter Ordnung, da unsere Entwicklung von μH_1 nur bis q_1^2 geht. Fassen wir die so verkürzte Störungsfunktion mit $\bar{H}_0$ nach (31), das ja wegen des Faktors μ in $\bar{p}_i' = -\mu\,\partial\bar{H}_1/\partial\bar{q}_i$ auch aus langsamen Variabeln besteht, zusammen, so kommt nach einiger Rechnung der langsame oder säkulare Teil der transformierten HAMILTON-Funktion $\bar{H}$

$$\bar{S} = -\tfrac{3}{2}(\bar{p}_1 + \bar{p}_2)^2 + \alpha\sqrt{\bar{p}_1}\sin(\bar{q}_1 - 2\bar{q}_2) + \beta\bar{p}_1\cos 2(\bar{q}_1 - 2\bar{q}_2) + \gamma\bar{p}_1 + \delta\bar{p}_2. \tag{42}$$

Darin stehen die Koeffizienten

$$\begin{aligned} \alpha &= -2\mu(4b_2 + d_2) = -2{,}87111 \cdot 10^{-3}, \\ \beta &= \mu(22b_4 + 7d_4 + g_4) = 4{,}09526 \cdot 10^{-3}, \\ \gamma &= -2\mu(3d_0 + g_0) = -1{,}77648 \cdot 10^{-3}, \\ \delta &= -4\mu d_0 = -8{,}40600 \cdot 10^{-4}, \end{aligned} \tag{43}$$

deren Zahlenwerte sich aus der numerischen Durchführung der FOURIER-Entwicklungen (38) ergeben[3]). Die zu (42) gehörigen kanonischen Differentialgleichungen lauten

$$\bar{p}_1' = -\alpha\sqrt{\bar{p}_1}\cos(\bar{q}_1 - 2\bar{q}_2) + 2\beta\bar{p}_1\sin 2(\bar{q}_1 - 2\bar{q}_2), \tag{44.1}$$

$$\bar{p}_2' = 2\alpha\sqrt{\bar{p}_1}\cos(\bar{q}_1 - 2\bar{q}_2) - 4\beta\bar{p}_1\sin 2(\bar{q}_1 - 2\bar{q}_2), \tag{44.2}$$

$$\bar{q}_1' = -3(\bar{p}_1 + \bar{p}_2) + \frac{\alpha}{2\sqrt{\bar{p}_1}}\sin(\bar{q}_1 - 2\bar{q}_2) + \beta\cos 2(\bar{q}_1 - 2\bar{q}_2) + \gamma, \tag{44.3}$$

$$\bar{q}_2' = -3(\bar{p}_1 + \bar{p}_2) + \delta. \tag{44.4}$$

Sie beschreiben genähert die Hecubabewegung.

Wie überall in der Schwingungslehre stehen jetzt drei Dinge zur Diskussion: Die gestörten stationären Bewegungen, die Stabilitätsfrage dazu und die nichtstationären oder Übergangsbewegungen. Diese Punkte können mit Hilfe der Koeffizienten (43) zahlenmäßig dargestellt werden. Dabei soll und kann es sich voraussetzungsgemäß nur um Schwingungen kleiner Amplitude handeln. Deshalb lassen wir nur kleine Werte $\bar{p}_1$ und $|\bar{p}_2|$ etwa bis zur Grenze 0,02 zu. Als Gründe für diese etwas willkürliche Festsetzung seien zwei angeführt: In der Funktion (42) sind das erste Glied (ungestörter Teil), das zweite Glied (Störungsfunktion in erster Näherung) und das dritte bis fünfte Glied (Beitrag der zweiten Näherung zur Störungsfunktion) wie es sein soll noch deutlich in der Größenordnung abgestuft; ferner zeigt die folgende Lösung ausreichende Übereinstimmung mit Zahlenwerten aus der Literatur.

---

[3]) Ich verdanke sie Herrn Dr.-Ing. G. BENZ.

5. Die gestörten stationären Bewegungen

Stationär heißt in der Schwingungslehre eine Bewegung, die konstante Amplituden und Frequenzen hat. Das bedeutet $\bar{p}_i$, $\bar{q}_i' = \text{const}$ $(i = 1, 2)$ und nach (44.1), (44.2) entweder

$$\bar{q}_1 - 2\bar{q}_2 = \pm \frac{\pi}{2} + 2m\pi \; (m \text{ ganz}) \tag{45}$$

oder

$$\bar{q}_1 - 2\bar{q}_2 = \arcsin \frac{\alpha}{4\beta\sqrt{\bar{p}_1}}. \tag{46}$$

Aus (46) folgt aber mit (43)

$$\bar{p}_1 \geqq \left(\frac{\alpha}{4\beta}\right)^2 = 0{,}0307 > 0{,}02;$$

der Fall (46) scheidet also aus, weil er $\bar{p}_1$ nicht hinreichend zu verkleinern gestattet.

Mit (45) läßt sich (44.3), (44.4) zu

$$3(\bar{p}_1 + \bar{p}_2) \pm \frac{\alpha}{2\sqrt{\bar{p}_1}} - \beta + \gamma - 2\delta = 0 \tag{47}$$

zusammenfassen, wodurch nach willkürlicher Wahl einer der Größen $\bar{p}_i$ die andere bestimmt ist. Für die $\bar{q}_i'$ gilt nach (44.4), (45), (47)

$$\bar{q}_1' = 2\bar{q}_2', \qquad \bar{q}_2' = \pm \frac{\alpha}{2\sqrt{\bar{p}_1}} - \beta + \gamma - \delta. \tag{48}$$

Damit sind die Bestimmungsstücke für die Darstellung (32), (33) der stationären Bewegungen gegeben. Deren Bahnen sind im raumfesten System keine Ellipsen und im allgemeinen keine geschlossenen Kurven, weil die Frequenz $(2 + \bar{q}_1')\,\Omega$ der Radial- und Winkelschwingung einerseits und die mittlere Winkelgeschwindigkeit $(2+\bar{q}_2')\,\Omega$ andererseits hier i. a. nicht kommensurabel sind. Sie sind aber kommensurabel mit dem Verhältnis 2:1 in dem System, das mit der Winkelgeschwindigkeit Ω des Jupiter um O rotiert (Bild 1), in dem also von φ der Winkel $\Omega t = \tau$ abgezogen werden muß. Das besagt die Gleichung $2 + \bar{q}_1' = 2(2 + \bar{q}_2' - 1)$, die sich auf $\bar{q}_1' = 2\bar{q}_2'$ und damit auf (45) reduziert. Die Bahnen sind also im rotierenden System geschlossen. Unsere stationären Bewegungen gehören damit zu der großen Klasse der periodischen Lösungen des eingeschränkten Dreikörperproblems [2]. Sie können stabil oder instabil sein, wie im nächsten Abschnitt gezeigt wird. Ihre Bahnen sind für kleine $\bar{p}_1$ ähnlich Ellipsen mit kleiner Exzentrizität. Bild 3 zeigt ein numerisches Beispiel mit $\bar{p}_1 = 0{,}02$. Relativ zu der dort gezeichneten Bahn kann Jupiter die feste Lage J_{st} oder J_{inst} haben; im ersteren Fall ist die Bahn stabil, im zweiten instabil.

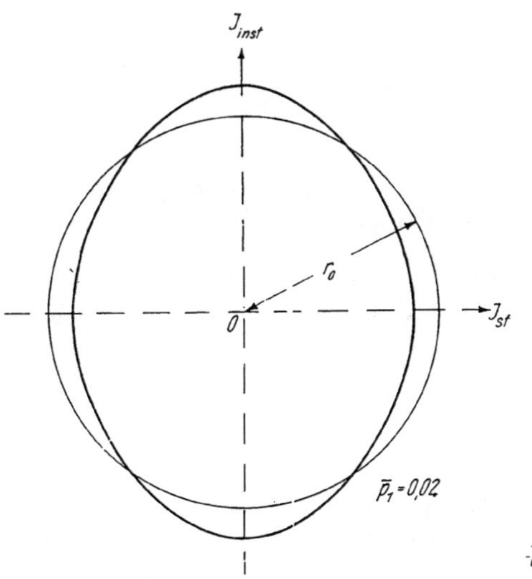

Bild 3. Beispiel einer gestörten stationären Bahn im rotierenden System

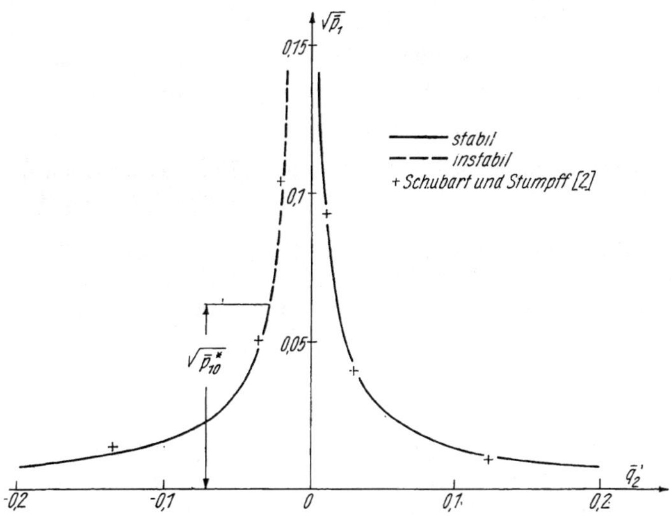

Bild 4. Zusammenhang der Größen $\sqrt{\bar{p}_1}$ und $\bar{q}_2'$ für gestörte stationäre Bewegungen

Die zweite Gleichung (48) ist in Bild 4 graphisch dargestellt. Das obere Vorzeichen in (45) und (48) führt zum linken, das untere zum rechten Ast des Diagramms. Der zu instabilen stationären Bewegungen gehörende Kurventeil ist gestrichelt, die anderen sind ausgezogen; die Stabilitätsentscheidung wird im nächsten Abschnitt getroffen. Zu den aus (48) hergeleiteten Zahlenwerten findet man eine Kontrolle in den von SCHUBART und STUMPFF ([2], S. 506 ff.) numerisch gewonnenen Ergebnissen. Diese lassen sich direkt in die Koordinaten von Bild 4 umrechnen. Sechs solche Punkte sind in Bild 4 eingetragen. Ihre Lage nahe den Diagrammkurven bildet eine Bestätigung für die Brauchbarkeit unsrer Theorie kleiner Ausschläge. Für Ordinatenwerte oberhalb der gezeichneten wird die Übereinstimmung rasch schlechter [9].

6. Übergangsbewegungen und Stabilität der gestörten stationären Bewegungen

Zur Behandlung von instationären Bewegungen bzw. Lösungen reduzieren wir die Zahl der Variabeln in (44). Aus (44.1) und (44.2) folgt

$$2\bar{p}_1' + \bar{p}_2' = 0 \Rightarrow 2\bar{p}_1 + \bar{p}_2 = c_2 = \text{const} . \tag{49}$$

Damit kann $\bar{p}_2$ entfernt werden. Ferner verwenden wir die neue Variable

$$q = \bar{q}_1 - 2\bar{q}_2 , \tag{50}$$

für die nach (44.3), (44.4), (49) die Differentialgleichung

$$q' = 3(c_2 - \bar{p}_1) + \frac{\alpha}{2\sqrt{\bar{p}_1}} \sin q - 2\beta \sin^2 q + \beta + \gamma - 2\delta \tag{51}$$

gilt. Dazu lautet (44.1) jetzt

$$\bar{p}_1' = -\alpha \sqrt{\bar{p}_1} \cos q + 4\beta \bar{p}_1 \sin q \cos q . \tag{52}$$

Dann sind die Gleichungen (51) und (52), die die Bewegungen von Hecuba jetzt beschreiben, gerade die kanonischen Differentialgleichungen zu der Hamilton-Funktion

$$S = -\tfrac{3}{2}(c_2 - \bar{p}_1)^2 + \alpha \sqrt{\bar{p}_1} \sin q - 2\beta \bar{p}_1 \sin^2 q + (\beta + \gamma - 2\delta)\, \bar{p}_1 , \tag{53}$$

woraus

$$S = c_1 = \text{const} \tag{54}$$

folgt. Die Größen c_1 und c_2 sind Integrationskonstante.

Zunächst soll die Stabilität der stationären Bewegungen des vorigen Abschnitts untersucht werden. Die stationären Werte der in (53) verbliebenen Variabeln nennen wir jetzt $\bar{p}_1 = \bar{p}_{10}$ und $q = q_0 = \pm \pi/2 + 2m\pi$ und machen den Ansatz

$$\bar{p}_1 = \bar{p}_{10} + \xi , \qquad q = q_0 + \eta ,$$

so daß das Problem auf die Stabilitätsfrage für die triviale Lösung $\xi = \eta = 0$ zurückgeführt ist. Dann entwickeln wir die Funktion (53) in eine Taylor-Reihe nach Potenzen von ξ, η. Darin ist das konstante Glied unwesentlich und die in ξ, η linearen Glieder sowie das Glied mit $\xi\eta$ verschwinden. So bleibt

$$S = \frac{1}{2}\left(\frac{\partial^2 S}{\partial \bar{p}_1^2}\xi^2 + \frac{\partial^2 S}{\partial q^2}\eta^2\right) + \text{höhere Glieder} . \tag{55}$$

Man findet dazu aus (53) für die stationären Werte von $\bar{p}_1$ und q

$$\frac{\partial^2 S}{\partial \bar{p}_1^2} = -3 \mp \frac{\alpha}{4\sqrt{\bar{p}_{10}}^{\,3}} \qquad \frac{\partial^2 S}{\partial q^2} = \mp \alpha \sqrt{\bar{p}_{10}} + 4\beta \bar{p}_{10} . \tag{56}$$

Aus (55) schließt man nach bekannten Ljapunovschen Sätzen [10] für die stationären Bewegungen:

$$\frac{\partial^2 S}{\partial \bar{p}_1^2} \cdot \frac{\partial^2 S}{\partial q^2} \begin{array}{l} > 0 \Rightarrow \text{Stabilität} , \\ < 0 \Rightarrow \text{Instabilität} . \end{array} \tag{57}$$

Zur Begründung sei bemerkt, daß man im Fall des positiven Zeichens (55) als Ljapunov-Funktion verwenden kann, während für das negative Zeichen die aus (55) folgenden linearen kanonischen Gleichungen Instabilität nach der ersten Näherung liefern.

Die Doppelvorzeichen in (56) beziehen sich auf (45) und (48); ferner ist nach (43) $\alpha < 0$. Somit ist für das untere Vorzeichen der linke Ausdruck in (56) negativ, ebenso der rechte für die zugelassenen Werte von $\bar{p}_{10}$. Also besteht nach (57) Stabilität auf dem rechten Ast des Diagramms von Bild 4. Für das obere Vorzeichen ist der rechte Ausdruck in (56) positiv, der linke aber nur, wenn $\sqrt{\bar{p}_{10}}$ kleiner als

$$\sqrt{\bar{p}_{10}^*} = \left(-\frac{\alpha}{12}\right)^{1/3} = 0{,}06208 \tag{58}$$

wird, andernfalls ist er $\leqq 0$. Also hat man in Bild 4 auf dem linken Ast unterhalb der Grenze (58) Stabilität, oberhalb Instabilität. Für den Wert (58) selbst besteht Instabilität, wie hier nicht näher erörtert werden soll. Die zu der Stabilitätsgrenze gehörende stationäre Bewegung hat nach (32), (47), (58) den Größtausschlag $\max r = 1{,}0712\, r_0$. Einer Arbeit von Schubart [11] kann eine Kontrolle dieses Ergebnisses entnommen werden. Dort sind auf Grund einer anderen Theorie Diagramme mitgeteilt, aus denen man nach einer Umrechnung auf unsere Schreibweise $\max r = 1{,}081\, r_0$ ablesen kann.

Im weiteren sei noch etwas über die nichtstationären oder Übergangsbewegungen gesagt. Um zu einer Gleichung für sie zu kommen, eliminieren wir q aus (52) und (54). Wir setzen

$$w = \sqrt{\bar{p}_1} \sin q \tag{59}$$

und haben damit in (54) eine quadratische Gleichung für w, deren Wurzeln die Form

$$w = w(\bar{p}_1) = \frac{\alpha}{4\beta} \pm (h_0 + h_1 \bar{p}_1 + h_2 \bar{p}_1^2)^{1/2} \tag{60}$$

besitzen. Die einfach zu berechnenden Konstanten h_j enthalten c_1 und c_2. Das Minuszeichen in (60) ist auszuscheiden, da es auf $\bar{p}_1 \geqq (\alpha/4\beta)^2$ und damit auf eine unzulässige untere Schranke für $\bar{p}_1$ führen würde. Aus (52) wird nun

$$\left(\frac{\mathrm{d}\bar{p}_1}{\mathrm{d}\tau}\right)^2 = F(\bar{p}_1, c_1, c_2) \quad \text{mit} \quad F(\bar{p}_1, c_1, c_2) = (\bar{p}_1 - w^2)\,(4\beta w - \alpha)^2 \,. \tag{61}$$

Die Differentialgleichung erster Ordnung (61) hat eine reelle Lösung $\bar{p}_1(\tau)$ nur für $F \geqq 0$. Die Funktion F ist eine algebraische Funktion von $\bar{p}_1$. Ist $F > 0$ zwischen zwei Nullstellen von F, so schwankt $\bar{p}_1(\tau)$ periodisch zwischen diesen beiden Werten ([12], Kap. III, § 5, Ziff. 1). Die zugehörige Bewegung von Hecuba heißt Libration. Die Periode Π ist groß gegen 2π und wird ∞, wenn eine der beiden Nullstellen eine Doppelnullstelle ist, was im Fall einer stationären Bewegung eintritt. Die Lösung $\bar{p}_1(\tau)$ heißt dann asymptotisch, weil sie sich dem Wert der Doppelnullstelle mit wachsendem τ asymptotisch nähert. Nach Integration von (61) ist mit (59) und (60) auch die zu $\bar{p}_1$ konjugierte Variable q bekannt, und (44.4), (49), (50) liefern dazu nach einer Quadratur die restlichen Veränderlichen $\bar{p}_2$, $\bar{q}_2$, $\bar{q}_1$ des Problems als Funktionen von τ.

Wir betrachten ein Beispiel. WILKENS [13] stellte schon 1930 die Frage, wie sich Hecuba bewegt, wenn sie mit den Anfangsbedingungen der gleichförmigen Kreisbewegung von genau halber Jupiter-Umlaufzeit in einer Konjunktion mit Jupiter beginnt. Er beantwortete die Frage mittels einer umfangreichen numerischen Integration der vollen Differentialgleichungen des eingeschränkten Dreikörperproblems und fand, daß Hecuba die Kreisbewegung verläßt, aber nach 33,3 Jupiterumläufen gleich 395 Jahren wieder in die Ausgangsbewegung zurückkehrt. In der vorliegenden Theorie bedeuten die genannten Anfangsbedingungen nach (8) $q_1 = q_2 = p_1 = p_2 = 0$ für $\tau = 0$, und man schließt aus den gegebenen Formeln, zuletzt aus (49) und (54) rasch, daß als notwendige Bedingung $c_1 = c_2 = 0$ folgt. Somit ist in (61) jetzt die Funktion $F(\bar{p}_1, 0, 0)$ zu verwenden. Bild 5a stellt das zugehörige Phasenporträt dar. Es erstreckt sich vom Anfangswert $\bar{p}_1 = 0$ bis zum Maximalwert $\max \bar{p}_1 = 0{,}01361$. Der Bildpunkt umläuft das Oval mit wachsendem τ periodisch in Pfeilrichtung; die Periode ist in der dimensionslosen Zeit τ gerechnet

$$\Pi = 2 \int_0^{\max \bar{p}_1} F(\bar{p}_1, 0, 0)^{-1/2}\, \mathrm{d}\bar{p}_1 \tag{62}$$

und ergibt sich numerisch zu 225,3. Das entspricht 35,86 Jupiterumläufen oder 425 Jahren. Zur Veranschaulichung dieser speziellen Hecubabewegung zeigt Bild 5b maßstäblich die Bahnen im raumfesten System für die beiden Grenzfälle $\bar{p}_1 = 0$ und $\max \bar{p}_1$. Dabei sind diese beiden Werte der Variablen $\bar{p}_1$ für jeweils einen Bahnumlauf näherungsweise als konstant angenommen, ebenso die nach (44.3), (44.4), (49) zugehörigen Werte von $\bar{p}_2$, $\bar{q}_1'$, $\bar{q}_2'$, so daß sich (32) und (33) leicht bilden und für die Polarkoordinaten r, φ verwenden lassen. Beide Bahnen erscheinen in der Genauigkeit der Zeichnung als Kreise. In Wirklichkeit sind sie nicht genau geschlossen und gehen auf einer engen Spirale ineinander über. Eine weitere Größe, die sich mit den Ergebnissen von WILKENS vergleichen läßt, ist die mittlere Winkelgeschwindigkeit eines Bahnumlaufs von Hecuba bezogen auf diejenige von Jupiter. Sie ist gleich $2 + \bar{q}_2'$ und wird mit (43), (44.4), (49) für $\max \bar{p}_1$ gleich 2,0400. WILKENS ermittelte dafür im Zeitpunkt maximaler Abweichung von der Kreisbewegung den Wert 2,0425. Auch im instationären Fall weisen also die mitgeteilten Zahlenwerte auf eine Brauchbarkeit unserer Näherung hin.

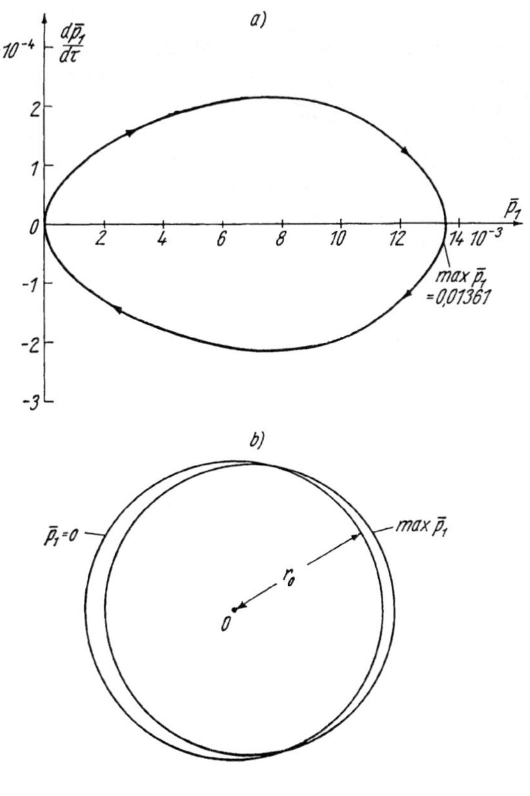

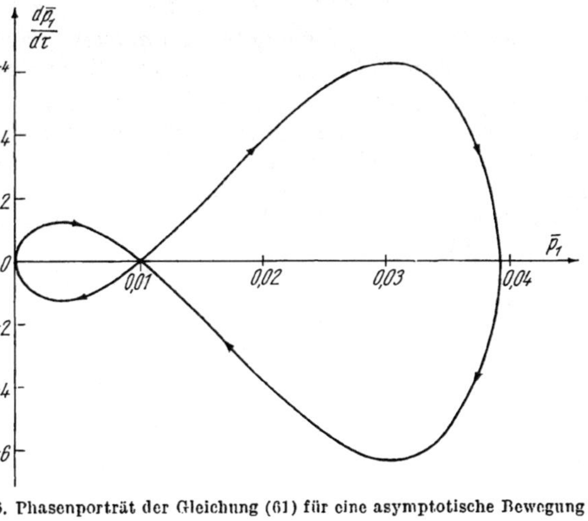

Bild 6. Phasenporträt der Gleichung (61) für eine asymptotische Bewegung

◀
Bild 5. Instationäre Bewegung für $c_1 = c_2 = 0$;
a) Phasenporträt der Gleichung (61);
b) Bahnen im raumfesten System für linken und rechten Scheitelpunkt des Phasenporträts

Als Beispiel für eine asymptotische Bewegung zeigt schließlich Bild 6 das Phasenporträt von (61), das von dem stationären instabilen Punkt $\bar{p}_1 = 0{,}01$ ausgeht. Hierzu gehören die Konstanten $c_1 = -0{,}0003863$, $c_2 = 0{,}01618$, die sich aus (47), (49), (54) für $q = \pi/2$ ergeben. Der Bildpunkt braucht unendlich lange Zeit, um in den stationären Punkt hinein oder aus ihm heraus zu wandern. Die Bewegung kann über die linke oder die rechte Schleife erfolgen. Der Größtwert $\max \bar{p}_1 = 0{,}03920$ liegt zwar über der in unserer Theorie gezogenen Grenze. Man kann aber aus den schon genannten Diagrammen von Schubart [11] ersehen, daß das Phasenporträt Bild 6 zumindest qualitativ richtig ist.

7. Die schwingungsmechanische Parallele

Im folgenden soll nun erörtert werden, inwiefern die Hecubabewegung als nichtlineare Schwingung aufgefaßt werden kann. Der Grundgedanke ist schon im Ansatz (8) enthalten. Die Einzelheiten sollen an einem Vergleichssystem mit der Differentialgleichung

$$\ddot{q}_1 + \omega_1^2(q_1 - 8q_1^3 + \alpha \cos \omega t - 4\beta q_1 \cos 2\omega t + 2\gamma q_1) = 0 \tag{63}$$

gezeigt werden. Es handelt sich um einen nichtlinearen Schwinger von einem Freiheitsgrad mit dem dimensionslosen Ausschlag q_1, der linearen Eigenfrequenz ω_1, kubischer Rückstellkraft mit Koeffizient -8, sowie kleiner Störkraft, bestehend aus Zwangserregung, Parametererregung und zusätzlicher linearer Rückstellkraft mit den Koeffizienten α, -4β und 2γ nach (43); ω ist die Erregerfrequenz. Die Koeffizienten von (63) sind mit Rücksicht auf die erstrebte Analogie zu Hecuba gewählt.

Wir behandeln (63) mit einer gängigen Methode der Schwingungslehre [5] und führen zuerst gemäß

$$\omega = \omega_1(1 - \lambda)\,, \qquad \tau = \frac{\omega}{2}\,t \tag{64}$$

eine Frequenzvariation und eine neue Zeitzählung ein. Es soll $|\lambda| \ll 1$ sein, ω mithin in der Nähe von ω_1 liegen. Nach Einsetzen von (64) wird (63) mit $\omega^2/4$ dividiert. Dabei werden die Produkte von λ mit dem dritten bis sechsten Glied von (63) vernachlässigt, weil diese Glieder als Potenz von q_1 oder wegen ihrer kleinen Koeffizienten klein gegen $|q_1|$ sind. Dann geht (63) über in

$$q_1' = \frac{\partial H}{\partial p_1} = p_1\,, \qquad p_1' + \frac{\partial H}{\partial q_1} = 0$$

mit

$$H = \tfrac{1}{2}\,(p_1^2 + 4q_1^2) - 8q_1^4 + 4\,[\lambda q_1^2 + \alpha q_1 \cos 2\tau - 2\beta q_1^2 \cos 4\tau + \gamma q_1^2]\,. \tag{65}$$

In der Funktion (65) kann man den Teil mit der eckigen Klammer als Störungsfunktion auffassen, den übrigen Teil als Hamilton-Funktion der ungestörten Bewegung. Der letztere Teil entspricht der in Abschnitt 3 behandelten Funktion H_0 von Hecuba für $p_2 = 0$. Sucht man auf dem dort angegebenen Weg unter Berücksichtigung von $p_2 = 0$ die Transformation $p_1, q_1 \to \bar{p}_1, \bar{q}_1$ und die daraus resultierende Funktion $\bar{H}_0(\bar{p}_1)$ auf, so findet man an Stelle von (31) und (32)

$$H_0 = -\,3\bar{p}_1^2\,, \qquad q_1 = \sqrt{\bar{p}_1}\,\sin\,(2\tau + \bar{q}_1)\,. \tag{66}$$

Die Ermittlung der Beziehung (33) für q_2 bleibt natürlich mangels eines zweiten Freiheitsgrades weg. In der zweiten Gleichung (66) fehlen gegenüber (32) die Glieder zweiter Ordnung mit $\bar{p}_1$, weil (65) kein quadratisches Rückstellglied hat, und die Glieder dritter Ordnung mit $\bar{p}_1\sqrt{\bar{p}_1}$ sind wie in (32) weggelassen. Es ist bekannt, daß man bei „normalen" Schwingungssystemen mit rein kubischen Rückstellkräften mit einem quasiharmonischen Ansatz der Art (66) auskommt [5], während man bei zusätzlichen quadratischen Termen wie bei Hecuba die längeren Ausdrücke braucht. Setzen wir jetzt die zweite Gleichung (66) in die eckige Klammer von (65) ein, behalten davon wie in Abschnitt 4 nur die langsamen Glieder bei und fügen H_0 nach (66) hinzu, so kommt der säkulare Teil der Hamilton-Funktion (65)

$$S = 2\,\left(-\,\tfrac{3}{2}\,\bar{p}_1^2 + \alpha\,\sqrt{\bar{p}_1}\,\sin \bar{q}_1 - 2\beta\bar{p}_1 \sin^2 \bar{q}_1 + (\lambda + \beta + \gamma)\,\bar{p}_1\right)\,. \tag{67}$$

Die Ähnlichkeit mit (53) ist offensichtlich.

Zuerst sollen nun die stationären Bewegungen betrachtet werden. Sie sind gekennzeichnet durch $\bar{p}_1 = \text{const}$; es gilt also nach (67)

$$\bar{p}_1' = -\,2\alpha\,\sqrt{\bar{p}_1}\cos \bar{q}_1 + 8\beta\bar{p}_1 \sin \bar{q}_1 \cos \bar{q}_1 = 0\,,$$

woraus $\bar{q}_1 = \pm\,\pi/2 + 2m\pi$ folgt, wenn wir wie für Hecuba $\bar{p}_1 \leqq 0{,}02$ festsetzen. Also ist auch $\bar{q}_1' = \partial S/\partial \bar{p}_1 = 0$ oder umgeformt

$$-\,\lambda = -\,3\bar{p}_1 \pm \frac{\alpha}{2\sqrt{\bar{p}_1}} - \beta + \gamma\,. \tag{68}$$

Die zweite Gleichung (66) kann man in der Form

$$q_1 = Q_1 \sin\,(\omega t + \bar{q}_1)$$

schreiben, wenn man (64) benutzt und $\sqrt{\bar{p}_1} = Q_1$ setzt. Die Erregerfrequenz ω ist also zugleich die Frequenz der Antwortschwingung, Q_1 ihre Amplitude. Aus (64) folgt weiter $-\lambda = \Delta\omega/\omega_1$ mit $\Delta\omega = \omega - \omega_1$. Damit lautet (68)

$$\frac{\Delta\omega}{\omega_1} = -\,3Q_1^2 \pm \frac{\alpha}{2Q_1} - \beta + \gamma\,. \tag{69}$$

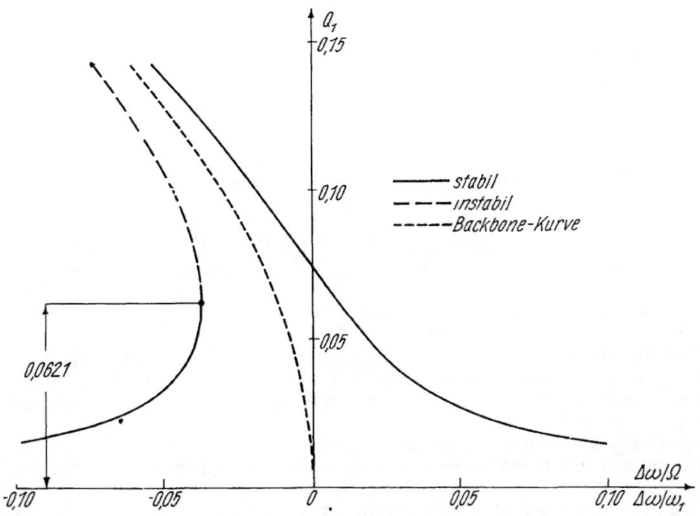

Bild 7. Resonanzkurve für die gestörten stationären Bewegungen. An der Abszissenachse steht für Hecuba $\Delta\omega/\Omega$, für das Vergleichssystem (63) $\Delta\omega/\omega_1$

Das ist die Beziehung zwischen Amplitude und Frequenzänderung einer unterlinearen Schwingung. Sie ist in Bild 7 graphisch dargestellt. Verschwindende Störkraft, d. h. $\alpha = \beta = \gamma = 0$, liefert die punktierte Parabel, die „Backbone"-Kurve. Für $\alpha, \beta, \gamma \neq 0$ ergibt sich der durchgezogene bzw. gestrichelte Linienzug, das ist die Resonanzkurve für Zwangserregung, wobei die Mittellinie durch die Parametererregung und die zusätzliche Rückstellkraft um die Strecke $-\beta + \gamma$ nach links verschoben ist. Die Stabilitätsentscheidung läßt sich aus (67) genau so ableiten wie aus (53); das Ergebnis ist auch jetzt (58). Man stellt leicht fest, daß in Bild 7 auf dem linken Kurventeil an der Stabilitätsgrenze die Tangente vertikal ist.

Diesen stationären Schwingungen des Vergleichssystems stellen wir die gestörten stationären Bewegungen von Hecuba gegenüber. Auch für Hecuba setzen wir $\sqrt{\bar{p}_1} = Q_1$, wobei jetzt Q_1 nicht mehr genau die Amplitude selbst ist, aber sowohl für die Radialschwingung (32) als auch für die in (33) enthaltene Winkelschwingung ein Maß für die Amplitude darstellt. Die Schwingungsfrequenz ist dann nach (44.3), (45)

$$(2 + \bar{q}_1')\,\Omega = (2 - 3\bar{p}_2)\,\Omega + \left(-\,3Q_1^2 \pm \frac{\alpha}{2Q_1} - \beta + \gamma\right)\Omega\,. \tag{70}$$

Darin steht links die volle Anwortfrequenz, die in Entsprechung zum Vergleichssystem ω genannt werden kann. Das erste Glied rechts ist die Eigenfrequenz der ungestörten kleinen Schwingungen für verschwindende Amplitude Q_1 und daher folgerichtig mit ω_1 zu bezeichnen, in Formeln mit (31):

$$\omega_1 = \left(2 + \left.\frac{\partial \bar{H}_0}{\partial \bar{p}_1}\right|_{\bar{p}_1=0}\right)\Omega = (2 - 3\bar{p}_2)\,\Omega\,.$$

Das zweite Glied rechts in (70) ist dann wie bei dem Vergleichssystem die Abweichung $\Delta\omega$ der Antwortfrequenz ω von der linearen Eigenfrequenz ω_1, und (70) kann in der Form

$$\frac{\Delta\omega}{\Omega} = -\,3Q_1^2 \pm \frac{\alpha}{2Q_1} - \beta + \gamma \tag{71}$$

geschrieben werden. Für (71) gilt Bild 7 gleichfalls. Die punktierte Parabel, die für $\alpha = \beta = \gamma = 0$ gilt, stellt die Beziehung zwischen Amplitude und Frequenzänderung der freien Schwingung, d. h. der Kepler-Bewegung dar; für $\alpha, \beta, \gamma \neq 0$ bezeichnen die ausgezogenen bzw. gestrichelten Linien die Resonanzkurve der gestörten stationären und damit periodischen, stabilen bzw. instabilen Bewegungen. Die gestörten stationären Bewegungen von Hecuba sind damit als zwangs- und parametererregte nichtlineare Schwingungen gedeutet.

Die nichtstationären oder Übergangsbewegungen schließlich sind für Hecuba aus (53), für das Vergleichssystem aus (67) so abzuleiten, wie es im Abschnitt 6 ausgeführt ist. Entsprechend (54) ordnen wir der Funktion (67) eine Gleichung $S = 2c_1 = \text{const}$ zu. Sorgt man nun dafür, daß das Glied const $\cdot\, \bar{p}_1$ in (67) doppelt so groß wie das entsprechende Glied in (53) wird, indem man die Gleichung $\lambda - 3c_2 + 2\delta = 0$ erfüllt, so erreicht man, daß die Funktion (67) sich von der Funktion (53) nur durch den Faktor 2 unterscheidet, wenn man davon absieht, daß in (53) das unwesentliche additive Glied $-3c_2^2/2$ sowie die Variable q statt $\bar{q}_1$ steht. Daraus folgt für Hecuba und das Vergleichssystem derselbe zeitliche Ablauf der Amplitude $\sqrt{\bar{p}_1}$. Zum Beispiel ist es trivial, für das Vergleichssystem Übergangsbewegungen aufzuzeigen, die genau die Phasenporträts von Bild 5a (mit Π nach (62)) oder von Bild 6 besitzen. Anders allerdings verhalten sich die nichtstationären Frequenzen. In (53) und (67) entsprechen sich die Variabeln q und $\bar{q}_1$, die daher den gleichen zeitlichen Verlauf haben. Ferner gilt für Hecuba nach (50) $\bar{q}_1' = q' + 2\bar{q}_2'$. Deshalb besteht zwischen der Frequenz von Hecuba und der des Vergleichssystems eine kleine und langsam veränderliche Differenz, die sich durch $2\bar{q}_2'$ oder nach (44.4), (49) durch eine lineare Funktion von $\bar{p}_1(\tau)$ ausdrückt. Im Zeitverlauf der Frequenzen hört also die Analogie auf.

Insgesamt ist aber festzustellen, daß die Hecubabewegung im eingeschränkten Dreikörperproblem alle wesentlichen Merkmale einer nichtlinearen Schwingung mit Zwangs- und Parametererregung besitzt. Es liegt ein Sonderfall solcher Schwingungen vor, dessen Eigenheiten hauptsächlich darin begründet sind, daß in einem System von zwei Freiheitsgraden eine der Koordinaten in der Hamilton-Funktion des ungestörten Problems zyklisch ist und nur in der Störungsfunktion auftritt, und daß ideale Dämpfungslosigkeit besteht.

Literatur

1 Brouwer, D., The problem of the Kirkwood gaps in the asteroid belt, Astr. J. **68**, S. 152–159 (1963).
2 Stumpff, K., Himmelsmechanik, Bd. II, VEB Deutscher Verl. d. Wiss. Berlin 1965.
3 Hagihara, Y., Gaps in the distribution of asteroids, Smithsonian Contr. Astrophys. **5**, S. 59–67 (1961).
4 Mettler, E., Kleine Schwingungen und Methode der säkularen Störungen, ZAMM **43**, S. T 81–T 84 (1963).
5 Mettler, E., Schwingungs- und Stabilitätsprobleme bei mechanischen Systemen mit harmonischer Erregung, ZAMM **45**, S. 475–484 (1965).
6 Mettler, E., Stability and vibration problems of mechanical systems under harmonic excitation, Proc. Int. Conf. on Dynamic Stability of Structures (Evanston 1965), S. 169–188, Pergamon Press Oxford 1967.
7 Mettler, E., Über höhere Näherungen in der Theorie des elastischen Pendels mit innerer Resonanz, ZAMM 55, S. 69–82 (1975).
8 Whittaker, E. T., A treatise on the analytical dynamics of particles and rigid bodies, Cambridge Univ. Press 1965.
9 Carpenter, L. H., Stumpff, K., Über periodische Bahnen im eingeschränkten Dreikörperproblem und in der Nähe der Kommensurabilitäten vom Typus $(k + 1)/k$, Astron. Nachr. **291**, S. 25–35 (1969).
10 Malkin, I. G., Theorie der Stabilität einer Bewegung, Akademie-Verlag Berlin 1959.
11 Schubart, J., Long-period effects in nearly commensurable cases of the restricted three-body problem, Smithsonian Astrophys. Obs. Special Rept. No. 149 (1964).
12 Frank, Ph., von Mises, R., Die Differential- und Integralgleichungen der Mechanik und Physik, Bd. I, 2. Aufl., Vieweg Braunschweig 1935.
13 Wilkens, A., Über einen speziellen Fall des Problems der drei Körper, Astron. Nachr. **240**, S. 202–231 (1930).

Eingereicht am 9. 2. 1977

Anschrift: Prof. Dr. Eberhard Mettler, Geigersbergstr. 12, 7500 Karlsruhe 41, BRD

ZAMM 58, 133 – 142 (1978)

J. J. TELEGA

On Plane Plastic Flow of Compressible Solids

Die Gleichungen des ebenen Fließens für ideal-plastischen Werkstoff werden aus der dreidimensionalen Theorie von Sawczuk und Stutz abgeleitet. Bei ebenem Fließen reduziert sich das Stoffgesetz auf eine lineare Beziehung. Im allgemeinen ist das Fließgesetz mit der Fließbedingung nicht assoziiert. Das System der Gleichungen zur Bestimmung der Spannungen und Geschwindigkeiten kann je nach den Materialeigenschaften hyperbolisch, parabolisch oder elliptisch sein. In den Ausdrücken für die Spannungs- und Geschwindigkeitsfelder, das Fließkriterium und die Leistungsdichte treten Effekte zweiter Ordnung auf.

Equations of plane compressible flow of perfectly-plastic solids are derived from a three-dimensional, tensorially nonlinear theory of Sawczuk and Stutz. In plane flow the flow rule reduces to a linear relation. The flow law is, in general, not associated with the yield condition. The system of stress and velocity equations may be hyperbolic, parabolic or elliptic depending upon the material constants and dilatancy. The second order effects manifest in the expressions describing the stress and velocity fields, the yield condition and the power of dissipation.

В работе выведено уравнения плоского пластического течения сжимаемой, идеальной среды. Эти уравнения получены из трехмерной, тензорно нелинейной теории Савчука и Штуца. Оказывается, что в плоском течении закон течения тензорно линейный. В общности закон течения неассоцированный с условием текучести. Системы уравнений и скоростей могут быть гиперболическими, параболическими либо эллиптическими. Тип системы уравнении обусловленный постоянными материала и дилатансией. Эффекты второго порядка появляются в выражениях представляющих поля напряжений и скоростей, условие текучести и плотность диссипации энергии.

Introduction

The general constitutive relation for isotropic, perfectly-plastic solids has the form of a tensor-valued, tensor function expressing the stress T in terms of the rate of deformation D and homogeneous of order zero with respect to time, hence with respect to the rate of deformation,

$$\mathsf{T} = \mathsf{T}(\mathsf{D}) \quad \text{subject to} \quad \frac{\partial \mathsf{T}}{\partial \mathsf{D}} \mathsf{D} = 0 \quad \text{and} \quad \frac{\partial \mathsf{T}}{\partial \mathsf{D}} \neq 0 . \tag{0.1}$$

The requirement of homogeneity of order zero implies existence of a yield condition, i.e. a scalar valued tensor function

$$F(\mathsf{T}) = 0 . \tag{0.2}$$

A plastic motion can commence when (0.2) is fulfilled and the rates of deformation are then specified to within a nonnegative scalar function λ of D. The flow rule takes the form

$$\mathsf{D} = \lambda \mathsf{G}(\mathsf{T}) . \tag{0.3}$$

The interdependance between a yield condition and a flow law was indicated by THOMAS [1, 2].

The relation (0.1) represents, in general, a non-associated flow law. If we assume the additional restriction

$$\frac{\partial \mathsf{T}}{\partial \mathsf{D}} = \left(\frac{\partial \mathsf{T}}{\partial \mathsf{D}}\right)^* \tag{0.4}$$

where "*" denotes transposition, then an associate flow law follows from (0.1). This fact follows from the existence of a potential $\Omega = \Omega(\mathsf{D})$, such that $\mathsf{T} = \partial\Omega/\partial\mathsf{D}$, [3].

The most general form of (0.1) is obtained from the representation of an isotropic tensor function [4], and is of the kind

$$\mathsf{T} = \alpha_0 \mathsf{I} + \alpha_1 \mathsf{D} + \alpha_2 \mathsf{D}^2 . \tag{0.5}$$

The scalar functions $\alpha_0, \alpha_1, \alpha_2$ of the basic invariants tr D, tr D^2, tr D^3 are of degree 0, -1, -2 in the rates of deformation, respectively [5, 6].

In the case of plane flow equation (0.5) takes a tensorially linear form. Such a reduction, for compressible or dilatant solids, is considered in the present paper. An appropriate form of (0.1) is derived and the scalar functions entering (0.5) are specified. The form (0.2) of yield conditions is given. A flow rule is not necessarily associated with a yield condition, which depends on a mean pressure. In the plane of principal stresses the yield condition can be represented by a closed or an open curve. Several examples of yield conditions and flow laws are given. We consider a necessary and sufficient condition for a flow rule to be associated with a yield condition. Second order effects resulting from the tensorial nonlinearity of (0.5) are discussed. The systems of equations regarding the stress and the velocity fields are examined. In both cases the equations can be hyperbolic, parabolic or elliptic. Restrictions resulting from the positiveness of the dissipation density are given.

The plane incompressible flow of perfectly plastic solids obeying nonlinear flow rule (0.5) was considered in [7].

1. Basic Relations

We recall first the main results regarding the three-dimensional case, [5, 6].

We put

$$\mathsf{S} = \mathsf{T} - \tfrac{1}{3} \operatorname{tr} \mathsf{T} \mathsf{I}, \qquad \mathsf{E} = \mathsf{D} - \tfrac{1}{3} \operatorname{tr} \mathsf{D} \mathsf{I}, \tag{1.1}$$

and choose the following set of basic invariants

$$\operatorname{tr} \mathsf{D}, \quad \operatorname{tr} \mathsf{E}^2, \quad \operatorname{tr} \mathsf{E}^3, \quad \operatorname{tr} \mathsf{T}, \quad \operatorname{tr} \mathsf{S}^2, \quad \operatorname{tr} \mathsf{S}^3 \tag{1.2}$$

to be applied in further analysis. The state of plastic motion is conveniently described in terms of the following dimensionless parameters

$$s = \frac{\operatorname{tr}^{1/3} \mathsf{E}^3}{\operatorname{tr}^{1/2} \mathsf{E}^2}, \qquad t = \frac{\operatorname{tr} \mathsf{D}}{\operatorname{tr}^{1/2} \mathsf{E}^2}, \quad \text{where} \quad \operatorname{tr}^{1/2} \mathsf{E}^2 > 0. \tag{1.3}$$

The relation (0.5) is decomposed into the isotropic and deviatoric parts

$$\operatorname{tr} \mathsf{T} = 3\Phi_0, \qquad \mathsf{S} = \Phi_1 \mathsf{E} + \Phi_2 (\mathsf{E}^2 - \tfrac{1}{3} \operatorname{tr} \mathsf{E}^2 \mathsf{I}), \tag{1.4}$$

where Φ_0, Φ_1, Φ_2 are functions of three kinematical invariants specified in (1.2).

The requirement of homogeneity furnishes

$$\Phi_0 = A(s, t), \qquad \Phi_1 = \frac{B(s, t)}{\operatorname{tr}^{1/2} \mathsf{E}^2}, \qquad \Phi_2 = \frac{C(s, t)}{\operatorname{tr} \mathsf{E}^2}. \tag{1.5}$$

The law of plastic distortion takes eventually the form

$$\mathsf{E} = \lambda \left[\mathsf{S} - \frac{6C}{6B^2 - C^2} \left(\mathsf{S}^2 - \frac{1}{3} \operatorname{tr} \mathsf{S}^2 \mathsf{I} \right) \right] \tag{1.6}$$

where

$$\lambda = \operatorname{tr}^{1/2} \mathsf{E}^2 \left[B - \frac{2C^2}{6B^2 - C^2} (B + Cs^3) \right]^{-1}. \tag{1.7}$$

The state of plastic motion is fully described by the functions A, B, C.

The flow law (1.6) if substituted into (1.4) results in the following expressions for the stress invariants

$$\begin{aligned} &\operatorname{tr} \mathsf{T} = 3A, \\ &\operatorname{tr} \mathsf{S}^2 = (B + Cs^3)^2 + C^2(1 - 6s^6)/6, \\ &\operatorname{tr} \mathsf{S}^3 = s^3 (B + Cs^3)^3 + C(1 - 6s^6) [B(B + Cs^3) - C^2(1 - 6s^6)/18]/2. \end{aligned} \tag{1.8}$$

The stress invariants are thus functions of two kinematical parameters (1.3) and therefore a yield locus is obtained when s and t are eliminated from (1.8):

$$F(\operatorname{tr} \mathsf{T}, \quad \operatorname{tr}^{1/2} \mathsf{S}^2, \quad \operatorname{tr}^{1/3} \mathsf{S}^3) = 0. \tag{1.9}$$

In plastic motion, the dissipation density is subjected to the restriction

$$d = \operatorname{tr} (\mathsf{TD}) > 0 \quad \text{if} \quad \mathsf{D} \neq 0. \tag{1.10}$$

In plane compressible flow the parameter s is a function of the parameter t. This simplifies the parametric form (1.8) of the yield condition. We show also how to obtain explicitly the relevant form (1.9), and discuss restrictions imposed by inequality (1.10).

2. Plane Deformation

In plane deformation a velocity vector $\boldsymbol{V}$ has the form [8, 9] $\boldsymbol{V} = (V_1(x), V_2(x), 0)$, where $x = (x_1, x_2)$. From this we get

$$D_{13} = D_{23} = D_{33} = 0, \tag{2.1}$$

and therefore the rate of deformation tensor D is two-dimensional. The deviatoric part of the rate of deformation tensor has the form

$$\widetilde{\mathsf{E}} = \mathsf{D} - \tfrac{1}{3} \operatorname{tr} \mathsf{D} \mathsf{I}, \qquad E_{33} = -\tfrac{1}{3} \operatorname{tr} \mathsf{D}, \qquad E_{13} = E_{23} = 0. \tag{2.2}$$

Tensors appearing in (2.2) are two-dimensional and we have $\widetilde{E}_{\alpha\beta} = E_{\alpha\beta}, \alpha, \beta = 1, 2$.

The kinematical invariants are

$$\operatorname{tr} \mathsf{D} = D_{\alpha\alpha}, \qquad \operatorname{tr} \mathsf{E}^2 = \operatorname{tr} \widetilde{\mathsf{E}}^2 + \tfrac{1}{9} \operatorname{tr}^2 \mathsf{D}, \qquad \operatorname{tr} \mathsf{E}^3 = \operatorname{tr} \widetilde{\mathsf{E}}^3 - \tfrac{1}{27} \operatorname{tr}^3 \mathsf{D}. \tag{2.3}$$

The CAYLEY-HAMILTON theorem gives

$$\mathsf{D}^2 = \mathsf{D} \operatorname{tr} \mathsf{D} - \tfrac{1}{2} (\operatorname{tr}^2 \mathsf{D} - \operatorname{tr} \mathsf{D}^2) \mathsf{I}. \tag{2.4}$$

From this relation we obtain

$$\widetilde{\mathsf{E}}^2 = \tfrac{1}{3} \widetilde{\mathsf{E}} \operatorname{tr} \mathsf{D} - \tfrac{1}{2} (\tfrac{1}{9} \operatorname{tr}^2 \mathsf{D} - \operatorname{tr} \widetilde{\mathsf{E}}^2) \mathsf{I}. \tag{2.5}$$

The formulae $(2.3)_2$, (2.5) result in

$$\operatorname{tr} \mathsf{E}^3 = \tfrac{1}{2} \operatorname{tr} \mathsf{D} \operatorname{tr} \mathsf{E}^2 - \tfrac{1}{9} \operatorname{tr}^3 \mathsf{D}. \tag{2.6}$$

The kinematical parameter s expresses finally as follows

$$s = \frac{\mathrm{tr}^{1/3}\,\mathsf{E}^3}{\mathrm{tr}^{1/2}\,\mathsf{E}^2} = \sqrt[3]{\frac{1}{2}t - \frac{1}{9}t^3}\,. \tag{2.7}$$

We conclude that the scalar functions A, B, C depend on the parameter t only. We can put

$$a(t) = A(s,t)\,, \qquad b(t) = B(s,t)\,, \qquad c(t) = C(s,t) \tag{2.8}$$

where s is given by (2.7). Between the scalar functions α_0, α_1, α_2 and a, b, c the following relations exist:

$$\begin{aligned} \alpha_0 &= a - \tfrac{1}{3}bt + \tfrac{1}{9}ct^2 - \tfrac{1}{3}c\,,\\ \alpha_1 &= \frac{b}{\mathrm{tr}^{1/2}\,\mathsf{E}^2} - \frac{2}{3}\cdot\frac{ct}{\mathrm{tr}^{1/2}\,\mathsf{E}^2}\,,\\ \alpha_2 &= \frac{c}{\mathrm{tr}\,\mathsf{E}^2}\,. \end{aligned} \tag{2.9}$$

3. Flow Law

The isotropic part of (1.4) takes the form

$$\mathrm{tr}\,\mathsf{T} = 3\alpha_0 + \alpha_1\,\mathrm{tr}\,\mathsf{D} + \alpha_2(\mathrm{tr}\,\mathsf{E}^2 + \tfrac{1}{3}\mathrm{tr}^2\,\mathsf{D})\,. \tag{3.1}$$

This relations regard the three-dimensional case. The formula (2.9) specifies the functions α_0, α_1, α_2 in the case of a plane motion.

The second component on the right hand side of (3.1) results, explicitly, from the compressibility, and the third follows from tensorial nonlinearity of (0.5) and compressibility (if the solid is incompressible then $\mathrm{tr}\,\mathsf{D} \equiv 0$; in the case of a linear flow law is $\alpha_2 \equiv 0$).

In plane flow the deviatoric part of (1.4) takes the form

$$\mathsf{S} = \frac{1}{3}\cdot c\cdot\left(\frac{1}{2} - \frac{1}{3}t^2\right)\mathsf{I} + \frac{1}{\mathrm{tr}^{1/2}\,\mathsf{E}^2}\left(b + \frac{1}{3}ct\right)\tilde{\mathsf{E}}\,, \quad S_{33} = \frac{1}{3}\left(\frac{1}{3}ct^2 - bt - c\right), \quad S_{13} = S_{23} = 0\,, \tag{3.2}$$

where the tensors S, I are two-dimensional. The relation $(3.2)_1$ may be inverted to result in the following form of the flow law

$$\tilde{\mathsf{E}} = \Lambda[\mathsf{S} - \tfrac{1}{3}c\cdot(\tfrac{1}{2} - \tfrac{1}{3}t^2)\,\mathsf{I}]\,, \tag{3.3}$$

where

$$\Lambda = \frac{3\,\mathrm{tr}^{1/2}\,\mathsf{E}^2}{3b + ct}\,. \tag{3.4}$$

We conclude that the law is tensorially linear though the second-order effect is present, because in general $c \neq 0$. We obtain after simple calculations

$$\mathsf{D} = \Lambda[\mathsf{T} - \tfrac{1}{2}(\mathrm{tr}\,\mathsf{T} - \tfrac{1}{3}ct^2 - bt)\,\mathsf{I}] \tag{3.5}$$

and here we have $\mathrm{tr}\,\mathsf{T} = T_{11} + T_{22}$. Moreover, it follows that

$$T_{33} = \tfrac{1}{2}(\mathrm{tr}\,\mathsf{T} + \tfrac{1}{3}ct^2 - bt - c)\,, \qquad T_{13} = T_{23} = 0\,. \tag{3.6}$$

In (3.5) and (3.6) the function a does not appear. We may conclude from (3.6) that even if $c \equiv 0$ then the stress T_{33} is not equal to $\frac{1}{2}\,\mathrm{tr}\,\mathsf{T}$. This results from the influence of compressibility, because for compressible solids $t \neq 0$. Second-order effect (function c) manifests in changing some components of stress tensor in comparison with a linear flow law where $c \equiv 0$.

The dissipation density becomes

$$\begin{aligned} d &= \mathrm{tr}\,(\mathsf{TD}) = \\ &= \Lambda^{-1}\,\mathrm{tr}\,\mathsf{D}^2 + (a - \tfrac{1}{3}bt)\,\mathrm{tr}\,\mathsf{D} + (\tfrac{1}{6}c - \tfrac{2}{9}ct^2)\,\mathrm{tr}\,\mathsf{D}\,. \end{aligned} \tag{3.7}$$

4. Yield Condition

The parametric form of a yield condition is expressed as follows

$$\begin{aligned} \mathrm{tr}\,\mathsf{T} &= 2a - \tfrac{1}{3}(\tfrac{1}{3}ct^2 - bt - c)\,,\\ 2\,\mathrm{tr}\,\mathsf{T}^2 - \mathrm{tr}^2\,\mathsf{T} &= (b^2 + \tfrac{2}{3}bct + \tfrac{1}{9}c^2t^2)(2 - \tfrac{1}{3}t^2)\,, \end{aligned} \tag{4.1}$$

$\mathrm{tr}\,\mathsf{T} = T_{11} + T_{22}$. The relation $(4.1)_2$ is obtained when the kinematical variable $\mathrm{tr}\,\mathsf{E}^2$ is eliminated from (3.3). Let us further eliminate the parameter t from (4.1). We assume that the function

$$e = e(t) \overset{\mathrm{def}}{=} 2a - \tfrac{1}{3}(\tfrac{1}{3}ct^2 - bt - c) \tag{4.2}$$

may be inverted, hence volume changes are uniquely associated with hydrostatic pressure. We denote by φ the inverse function, i.e.

$$t = \varphi(\mathrm{tr}\,\mathsf{T})\,. \tag{4.3}$$

We introduce the following functions

$$g = g(\operatorname{tr} \mathsf{T}) = b(\varphi(\operatorname{tr} \mathsf{T})), \qquad h = h(\operatorname{tr} \mathsf{T}) = c(\varphi(\operatorname{tr} \mathsf{T})), \tag{4.4}$$

and therefore the yield condition (1.9) takes the form

$$2 \operatorname{tr} \mathsf{T}^2 - \operatorname{tr}^2 \mathsf{T} = (g^2 + \tfrac{2}{3} gh\varphi + \tfrac{1}{9} h^2\varphi^2)(2 - \tfrac{1}{3}\varphi^2). \tag{4.5}$$

The yield condition (4.5) depends on three functions: g, h, φ and is a consequence of equations (0.1), (4.3) and of kinematical assumption of plane flow. Compressibility is represented by the function φ, whereas the function h describes second-order effects.

In the plane of principal stresses T_1, T_2 the yield condition takes the form

$$(T_1 - T_2)^2 = (g^2 + \tfrac{2}{3} gh\varphi + \tfrac{1}{9} h^2\varphi^2)(2 - \tfrac{1}{3}\varphi^2) \tag{4.6}$$

and here $\operatorname{tr} \mathsf{T} = T_1 + T_2$ is the argument of the functions g, h, φ. We put

$$p = -\tfrac{1}{2}(T_1 + T_2), \qquad q = \tfrac{1}{2}(T_1 - T_2), \qquad T_1 \geqq T_2. \tag{4.7}$$

If the relation (4.7) is substituted into (4.6) then we get

$$q^2 = \tfrac{1}{4}(g^2 + \tfrac{2}{3} gh\varphi + \tfrac{1}{9} h^2\varphi^2)(2 - \tfrac{1}{3}\varphi^2), \tag{4.8}$$

where p is the argument of functions g, h, φ.

In plane incompressible flow $t \equiv 0$ and therefore the yield condition has the form [7]

$$(T_1 - T_2)^2 = 2B_0^2 \tag{4.9}$$

where $B_0 = B(0, 0) = b(0)$. The second-order effect does not manifest in plane incompressible flow.

5. Restrictions Resulting from Positiveness of the Dissipation Density

We shall prove that whenever the functions a, b, c are given then the functions g, h, φ can be determined and conversely.

Let us suppose that the functions a, b, c are prescribed. Then the formulae (4.3), (4.4) specify the functions g, h, φ.

Now the inverse reasoning, i.e. we suppose the functions g, h, φ are given and we want to find functions a, b, c. Because $t = \varphi(\operatorname{tr} \mathsf{T})$, hence $e(t) = \operatorname{tr} \mathsf{T}$, $e = \varphi^{-1}$. We have further

$$g = b \circ \varphi \Rightarrow g \circ \varphi^{-1} = b \circ \varphi \circ \varphi^{-1} \Rightarrow b = g \circ \varphi^{-1}$$

or

$$b(t) = g(e(t)). \tag{5.1}$$

In an analogous way we obtain

$$c(t) = h(e(t)). \tag{5.2}$$

The function a expresses as follows:

$$a = a(t) = \tfrac{1}{2}[e + \tfrac{1}{3}(\tfrac{1}{3} ct^2 - bt - c)] = \tfrac{1}{2}\{e(t) + \tfrac{1}{3}[\tfrac{1}{3} t^2 h(e(t)) - tg(e(t)) - h(e(t))]\}. \tag{5.3}$$

We pass now to restrictions on the functions a, b, c, or g, h, φ, resulting from positiveness of the dissipation density. It was proved in [5, 6] that the condition of positiveness of the dissipation density has the form

$$d = \operatorname{tr}^{1/2} \mathsf{E}^2 (At + B + Cs^3) > 0 \quad \text{if} \quad \mathsf{D} \neq 0.$$

In view of the inequality $\operatorname{tr}^{1/2} \mathsf{E}^2 > 0$ the following relation between functions A, B, C results:

$$At + B + Cs^3 > 0. \tag{5.4}$$

The inequality (5.4) represents a necessary and sufficient condition of positiveness of the dissipation density.

In plane flow of compressible solids the parameter s is given by (2.7), therefore from (5.4) or (3.7) we get

$$at + b + (\tfrac{1}{2} t - \tfrac{1}{9} t^3) c > 0. \tag{5.5}$$

To prove this it is sufficient to take into account the relation $\operatorname{tr} \mathsf{E}^2 = \operatorname{tr} \mathsf{D}^2 - 1/3 \operatorname{tr}^2 \mathsf{D}$. Substituting the function a, derived from (4.2), into (5.5) we obtain

$$t[\tfrac{1}{2} e - \tfrac{1}{3} t(\tfrac{1}{6} t^2 - 1) c] + b(1 - \tfrac{1}{6} t^2) > 0. \tag{5.6}$$

The condition of positiveness of the dissipation density may be expressed in terms of the functions g, h, φ:

$$\varphi[\tfrac{1}{2} \operatorname{tr} \mathsf{T} - \tfrac{1}{3}(\tfrac{1}{6}\varphi^2 - 1) h\varphi] + (1 - \tfrac{1}{6}\varphi^2) g > 0. \tag{5.7}$$

Applications of the derived expressions will be given in the section nine of this paper.

6. Associated Flow Law

Suppose the function φ is prescribed. Then the flow law (3.5) takes the form

$$\begin{aligned} D_{11} &= \frac{\mu}{2}\left(T_{11} - T_{22} + g\varphi + \frac{1}{3} h\varphi^2\right), \\ D_{12} &= \mu T_{12}, \\ D_{22} &= \frac{\mu}{2}\left(T_{22} - T_{11} + g\varphi + \frac{1}{3} h\varphi^2\right) \end{aligned} \tag{6.1}$$

where

$$\mu = \frac{3\,\mathrm{tr}^{1/2}\,\mathsf{E}^2}{3g + h\varphi}.$$

We conclude from (4.5) and (6.1) that we have to do with a non-associated flow law.

The law (6.1) is associated with the yield condition (4.5) if

$$2\frac{\partial}{\partial T_{11}} f^2 = 2\frac{\partial}{\partial T_{22}} f^2 = -\left(g\varphi + \frac{1}{3} h\varphi^2\right). \tag{6.2}$$

Here f^2 denotes the right hand side of (4.8). The relation (6.2) may easily be obtained from (4.5), (6.1) making use of the definition of the associated flow law. Because

$$\frac{\partial}{\partial T_{11}} f^2 = \frac{\partial}{\partial T_{22}} f^2 = -2ff'\frac{\partial p}{\partial T_{11}} = -2ff'\frac{\partial p}{\partial T_{22}},$$

hence (6.2) takes eventually the form

$$(f^2)' = 2ff' = g\varphi + \tfrac{1}{3} h\varphi^2, \tag{6.3}$$

where $f' = \mathrm{d}f/\mathrm{d}p$. The relation (6.3) enables to find a potential in the case of a non-associated flow law. Let us prove it. We put

$$(G^2)' \overset{\mathrm{df}}{=} g\varphi + \tfrac{1}{3} h\varphi^2, \tag{6.4}$$

hence

$$G^2 = G^2(p) = \int (g\varphi + \tfrac{1}{3} h\varphi^2)\,\mathrm{d}p + G_1, \tag{6.5}$$

here G_1 denotes constant of integration. The potential has the form

$$q^2 = G^2. \tag{6.6}$$

Thus for a given yield condition we have one-parametric family of potentials. Examples are presented in section nine.

7. Stress Equations

Considerations which follows are given in a rectangular Cartesian coordinate system x, y. We set $T_x = T_{11}$, $T_y = T_{22}$, $T_{xy} = T_{12}$, $D_x = D_{11}$, $D_y = D_{22}$, $D_{xy} = D_{12}$, $V_x = V_1$, $V_y = V_2$. By stress equations we mean a yield condition and the equilibrium equations

$$T_{x,x} + T_{xy,y} = 0, \qquad T_{xy,x} + T_{y,y} = 0. \tag{7.1}$$

If boundary conditions are given in terms of stresses then (4.5), (7.1) constitute the system of three equations. It is thus possible to determine three unknown functions: T_x, T_y, T_{xy}. A yield condition is an algebraic equation. One can reduce the system of these three equations to a set of two partial differential equations. Let θ denote an angle the stress T_1 makes with the x axis. Then we have

$$T_x = -p + q\cos 2\theta, \qquad T_y = -p - q\cos 2\theta, \qquad T_{xy} = q\sin 2\theta, \tag{7.2}$$

p and q being given by (4.7). The yield condition (4.5) can be written in the form

$$f(p) - q = 0, \tag{7.3}$$

where

$$q^2 = f^2 = \tfrac{1}{4}(g^2 + \tfrac{2}{3} gh\varphi + \tfrac{1}{9} h^2\varphi^2)(2 - \tfrac{1}{3}\varphi^2). \tag{7.4}$$

The functions g, h, φ are expressed in terms of p. Taking (4.7) and (7.3) into account in the equilibrium equations (7.1) we obtain the system of two quasi-linear, partial differential equations

$$\begin{aligned}
&(-1 + f'\cos 2\theta)\,p_{,x} + (f'\sin 2\theta)\,p_{,y} - (2f\sin 2\theta)\,\theta_{,x} + (2f\cos 2\theta)\,\theta_{,y} = 0,\\
&(f'\sin 2\theta)\,p_{,x} + (-1 - f'\cos 2\theta)\,p_{,y} + (2f\cos 2\theta)\,\theta_{,x} + (2f\sin 2\theta)\,\theta_{,y} = 0
\end{aligned} \tag{7.5}$$

and here $f' = \mathrm{d}f/\mathrm{d}p$, $p_{,x} = \partial p/\partial x$, etc.

The system (7.5) allows to determine two unknown functions: $p = p(x, y)$, $\theta = \theta(x, y)$. In the equations (7.5) the yield condition intervenes through the function f. We remark that in the theory of plane flow based on the relations of VON MISES and on the HUBER-MISES yield condition, the LEVY's substitution (7.2) fulfils the yield condition identically; thus the yield condition does not enter into the relations of type (7.5). If the functions g, h, φ are differentiable, then a derivative f' exists.

The system (7.5) is: 1) elliptic, if $f'^2 > 1$, 2) parabolic, if $f'^2 = 1$, 3) hyperbolic, if $f'^2 < 1$. The equations of characteristics are

$$\frac{\mathrm{d}y}{\mathrm{d}x} = \frac{\sin 2\theta \pm \sqrt{1 - f'^2}}{-f' + \cos 2\theta}. \tag{7.6}$$

Introducing a parameter ϱ such that

$$\sin\varrho = f' \tag{7.7}$$

we get

$$\frac{\mathrm{d}y}{\mathrm{d}x} = \mathrm{tg}\left[\theta \mp \left(\frac{\pi}{4} + \frac{\varrho}{2}\right)\right], \qquad (S_1), (S_2)\,.$$

Along the characteristics the following relations are fulfilled:

$$\begin{aligned} &\mathrm{d}p + 2p \operatorname{tg} \varrho \, \mathrm{d}\theta = 0 \,, \quad (S_1) \,, \\ &\mathrm{d}p - 2p \operatorname{tg} \varrho \, \mathrm{d}\theta = 0 \,, \quad (S_2) \,. \end{aligned} \tag{7.8}$$

In regions where equations are parabolic we have only one family of characteristics:

$$\frac{\mathrm{d}y}{\mathrm{d}x} = -\operatorname{ctg} \theta \,. \tag{7.9}$$

An influence of the function h, i.e. of second-order effect, on characteristics inheres in the function f. When $h \equiv 0$ then, in general, the characteristics are different from these, corresponding to the case $h \neq 0$, since the function f entering (7.6) has a different form.

8. Velocity Field

We shall proceed to determination of a velocity field V_x, V_y. Suppose the stress field is given. Then we can find the velocity field, i.e. functions $V_x = V_x(x, y)$, $V_y = V_y(x, y)$. The unknown functions may be obtained solving two partial differential equations

$$\begin{aligned} &(V_{x,x} - V_{y,y}) \sin 2\theta - (V_{x,y} + V_{y,x}) \cos 2\theta = 0 \,, \\ &(-2f \cos 2\theta + g\varphi + \tfrac{1}{3} h\varphi^2) \, V_{x,x} - (2f \cos 2\theta + g\varphi + \tfrac{1}{3} h\varphi^2) \, V_{y,y} = 0 \,. \end{aligned} \tag{8.1}$$

The first equation has been obtained from the condition that the stress tensor and the rate of deformation tensor are coaxial:

$$\frac{T_{xy}}{T_x - T_y} = \frac{D_{xy}}{D_x - D_y} \,. \tag{8.2}$$

The second of equations (8.1) we get from $(6.1)_1$, $(6.1)_3$. Besides that we have $D_x = V_{x,x}$, $D_y = V_{y,y}$, $D_{xy} = \frac{1}{2}(V_{x,y} + V_{y,x})$. The system (8.1) is: 1) elliptic, if

$$4f^2 - (g\varphi + \tfrac{1}{3} h\varphi^2)^2 < 0 \,,$$

2) parabolic, if

$$4f^2 - (g\varphi + \tfrac{1}{3} h\varphi^2)^2 = 0 \,,$$

3) hyperbolic, if

$$4f^2 - (g\varphi + \tfrac{1}{3} h\varphi^2)^2 > 0 \,.$$

The equations of characteristics have the form

$$\frac{\mathrm{d}y}{\mathrm{d}x} = \frac{2f \sin 2\theta \pm \sqrt{4f^2 - \left(g\varphi + \dfrac{1}{3} h\varphi^2\right)^2}}{2f \cos 2\theta - \left(g\varphi + \dfrac{1}{3} h\varphi^2\right)} \,. \tag{8.3}$$

Introducing a parameter η by

$$4f^2 \cos^2 \eta = 4f^2 - (g\varphi + \tfrac{1}{3} h\varphi^2)^2 \tag{8.4}$$

we obtain

$$\frac{\mathrm{d}y}{\mathrm{d}x} = \operatorname{tg}\left[\theta \mp \left(\frac{\pi}{4} + \frac{\eta}{2}\right)\right], \quad (S_3), (S_4) \,. \tag{8.5}$$

The equations (8.1) take the form

$$\begin{aligned} &(V_{x,x} - V_{y,y}) \sin 2\theta - (V_{x,y} + V_{y,x}) \cos 2\theta = 0 \,, \\ &V_{x,x} (\sin \eta - \cos 2\theta) - V_{y,y} (\sin \eta + \cos 2\theta) = 0 \,. \end{aligned} \tag{8.6}$$

Along the characteristics the following relations hold:

$$\begin{aligned} &\mathrm{d}U - \frac{1}{\cos \eta} (W + U \sin \eta) \, \mathrm{d}\psi_3 = 0 \,, \quad (S_3) \,, \\ &\mathrm{d}W + \frac{1}{\cos \eta} (U + W \sin \eta) \, \mathrm{d}\psi_4 = 0 \,, \quad (S_4) \,. \end{aligned} \tag{8.7}$$

Here U, W are projections of the velocity vector on characteristics, and

$$\psi_3 = \theta - \left(\frac{\pi}{4} + \frac{\eta}{2}\right), \qquad \psi_4 = \theta + \frac{\pi}{4} + \frac{\eta}{2} \,.$$

The angle between characteristics S_1, S_3 is equal to $1/2 \, |\varrho - \eta|$.

Equations (7.6) of stress characteristics are, in general, different from equations (8.3). In regions where these equations are hyperbolic we have four families of characteristics. In the case of an associated flow law the characteristics of the stress field coincide with these of the velocity field. To corroborate this statement we take (6.3) into account in (8.3). Thus we obtain

$$\frac{dy}{dx} = \frac{2f \sin 2\theta \pm \sqrt{4f^2 - 4f^2 f'^2}}{2f \cos 2\theta - 2ff'} = \frac{\sin 2\theta \pm \sqrt{1 - f'^2}}{\cos 2\theta - f'}$$

i.e. equation (7.6).

9. Examples

Example 9.1. Let $h \equiv 0$, $g = g_0 = \text{const.}$, $\varphi = \varphi_0 \operatorname{tr} \mathsf{T}$; here g_0, φ_0 denote material constants. The condition (5.7), or (5.6), of positiveness of the dissipation density gives $g_0\varphi_0 < 3$.

1. The yield condition is an ellipse (fig. 1),

$$\frac{(T_1 + T_2)^2}{\frac{6}{\varphi_0^2}} + \frac{(T_1 - T_2)^2}{2g_0^2} = 1 . \tag{9.1}$$

By passing to limits $\varphi_0 \to 0$, $g_0 \to B_0$ one obtains a pair of straight lines representing the yield condition for incompressible solids (see formula (4.9)).

2. The flow law has the form

$$D_1 = \frac{\mu}{2}(T_1 - T_2 + g_0\varphi_0 \operatorname{tr} \mathsf{T}) , \qquad D_2 = \frac{\mu}{2}(T_2 - T_1 + g_0\varphi_0 \operatorname{tr} \mathsf{T}) , \tag{9.2}$$

or

$$D_1 + D_2 = \mu g_0 \varphi_0 \operatorname{tr} \mathsf{T} , \qquad D_1 - D_2 = \mu(T_1 - T_2) . \tag{9.3}$$

Here $\mu = \frac{\operatorname{tr}^{1/2} \mathsf{E}^2}{g_0}$; D_1, D_2 are the rates of principal deformation. The constants g_0, φ_0 must be of the same sign, then the velocity vector is directed outside the yield curve. Thus we have: $g_0 > 0$, $\varphi_0 > 0$.

3. The flow law is not associated with the yield condition, because in general

$$(f^2)' = -\tfrac{2}{3} g_0^2 \varphi_0^2 p \neq g\varphi = -2g_0\varphi_0 p .$$

4. The angle a normal to the yield curve makes with the vector $\bar{d} = (D_1 + D_2, D_1 - D_2)$ is equal to (see fig. 1)

$$\cos\gamma = \frac{\operatorname{tr}^2 \mathsf{T}(g_0\varphi_0^3 - \varphi_0^2) + 6}{\sqrt{\operatorname{tr}^2 \mathsf{T}(g_0^2\varphi_0^4 - 3\varphi_0^2) + 18}\ \sqrt{\frac{2}{3}\varphi_0^2 \operatorname{tr}^2 \mathsf{T} + 2}} \tag{9.4}$$

The angle γ varies, because it depends on $\operatorname{tr}^2 \mathsf{T}$.

5. A parametric form of the potential is as follows:

$$g_0\varphi_0 \operatorname{tr}^2 \mathsf{T} + (T_1 - T_2)^2 = 4G_1 . \tag{9.5}$$

The potential (9.5) is shown in fig. 1.

Example 9.2. We put $g = g_0$, $\varphi = \varphi_0 \operatorname{tr} \mathsf{T}$, $h = h_0 \operatorname{tr} \mathsf{T}$. Here g_0, h_0, φ_0 denote material constants.

1. The condition (5.7) of positiveness of the dissipation density reduces to the inequality of third degree with respect to $\operatorname{tr} \mathsf{T}$:

$$-\tfrac{1}{18} h_0\varphi_0^4 \operatorname{tr}^3 \mathsf{T} + (\tfrac{1}{2}\varphi_0 - \tfrac{1}{6} g_0\varphi_0^2) \operatorname{tr}^2 \mathsf{T} + \tfrac{1}{3} h_0\varphi_0^2 \operatorname{tr} \mathsf{T} + g_0 > 0 . \tag{9.6}$$

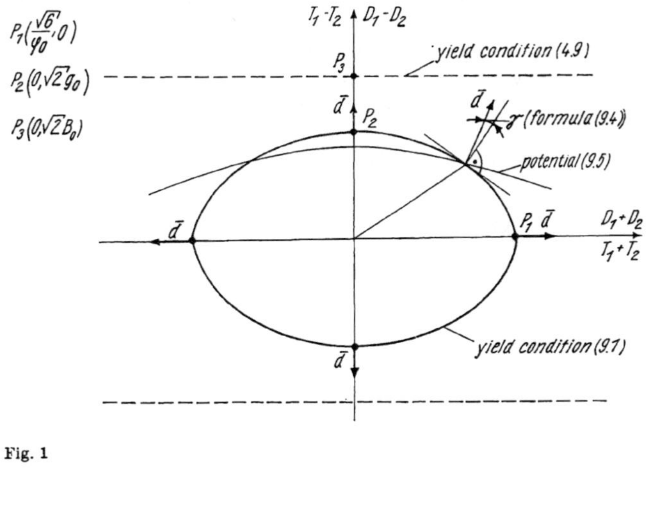

Fig. 1

We denote

$$m_1 = \frac{3g_0}{h_0\varphi_0^2} - \frac{9}{h_0\varphi_0^3}, \qquad m_2 = -\frac{6}{\varphi_0^2}, \qquad m_3 = \frac{18g_0}{h_0\varphi_0^4}$$

and assume that the discriminant

$$\Delta = \frac{1}{4}\left(m_3 - \frac{m_1 m_2}{3} + \frac{2}{27} m_1^3\right)^2 + \frac{1}{27}\left(m_2 - \frac{1}{3} m_1^2\right)^3$$

of the cubic equation obtained from (9.6) by equating the left hand side to zero, is positive, i.e. $\Delta > 0$, [10]. If

$$\operatorname{tr} \mathsf{T} > \sqrt[3]{-\frac{m_4}{2} + \sqrt{\Delta}} + \sqrt[3]{-\frac{m_4}{2} - \sqrt{\Delta}} - \frac{m_1}{3} \tag{9.7}$$

then the inequality (9.6) is fulfilled; $m_4 = m_3 - \frac{m_1 m_2}{3} + \frac{2}{27} m_1^3$. The right hand side of (9.7) depends on the constants g_0, h_0, φ_0 only.

2. It is easy to prove that the yield curve is an ellipse (fig. 2),

$$\frac{\operatorname{tr}^2 \mathsf{T}}{\frac{6}{\varphi_0^2}} + \frac{(T_1 - T_2)^2}{2\left(g_0^2 + \frac{2}{3} g_0 h_0 \varphi_0 + \frac{1}{9} h_0^2 \varphi_0^2\right)} = 1. \tag{9.8}$$

3. The flow law takes the form

$$D_1 = \frac{\mu}{2}\left[T_1 - T_2 + \left(g_0\varphi_0 + \frac{1}{3} h_0\varphi_0^2\right) \operatorname{tr} \mathsf{T}\right], \qquad D_2 = \frac{\mu}{2}\left[T_2 - T_1 + \left(g_0\varphi_0 + \frac{1}{3} h_0\varphi_0^2\right) \operatorname{tr} \mathsf{T}\right] \tag{9.9}$$

or

$$D_1 + D_2 = \mu(g_0\varphi_0 + \tfrac{1}{3} h_0\varphi_0^2) \operatorname{tr} \mathsf{T}, \qquad D_1 - D_2 = \mu(T_1 - T_2) \tag{9.10}$$

where

$$\mu = \frac{3 \operatorname{tr}^{1/2} \mathsf{E}^2}{3g_0 + h_0\varphi_0}.$$

4. The flow law is not associated with the yield condition. To corroborate this statement it is sufficient to compare

$$(f^2)' = -\tfrac{2}{3}(g_0^2 + \tfrac{2}{3} g_0 h_0 \varphi_0 + \tfrac{1}{9} h_0^2 \varphi_0^2)\, \varphi_0^2 p,$$

with

$$g\varphi + \tfrac{1}{3} h\varphi^2 = -2(g_0\varphi_0 + \tfrac{1}{3} h_0\varphi_0^2)\, p.$$

We see that (6.3) is not fulfilled.

5. The angle γ a normal to the yield curve makes with the vector $\bar{\boldsymbol{d}} = (D_1 + D_2, D_1 - D_2)$ is

$$\cos\gamma = \frac{\sqrt{H_0}\,[\operatorname{tr}^2 \mathsf{T}(g_0\varphi_0^3 + \tfrac{1}{3} h_0\varphi_0^4 - \varphi_0^2) + 6]}{\sqrt{\operatorname{tr}^2 \mathsf{T}(\varphi_0^4 H_0 - 3\varphi_0^2) + 18}\,\sqrt{\operatorname{tr}^2 \mathsf{T}(g_0\varphi_0 + \tfrac{1}{3} h_0\varphi_0^2)^2 + H_0(2 - \tfrac{1}{3}\varphi_0^2 \operatorname{tr}^2 \mathsf{T})}}, \tag{9.11}$$

where $H_0 = g_0^2 + \frac{2}{3} g_0 h_0 \varphi_0 + \frac{1}{9} h_0^2 \varphi_0^2$. We conclude that the angle γ varies with the stress state.

6. Let us determine the potential. Corresponding to the flow law (9.10) the form (6.6) is as follows:

$$(T_1 - T_2)^2 + (g_0\varphi_0 + \tfrac{1}{3} h_0\varphi_0^2) \operatorname{tr}^2 \mathsf{T} = 4G_1. \tag{9.12}$$

Example 9.3. If $f(p)$ is an increasing function then the yield condition (7.3) becomes the criterion of COULOMB-MOHR. In our case the second-order effect reveals in changes of coefficient of cohesion and of local angle of friction, in comparison with the case $h \equiv 0$.

IZBICKI [11] has considered COULOMB-MOHR criterion in the form $p = H(q)$ and the flow law associated with this yield condition. In this theory of plane flow we have, in general, the non-associated flow law.

Suppose that.

$$g = \frac{\sin\psi}{\sqrt{2 - \frac{1}{3}\sin^2\psi}}(-\operatorname{tr} \mathsf{T} + 2Tc), \qquad \varphi = \sin\psi, \qquad h \equiv 0. \tag{9.13}$$

1. The condition (5.7) of positiveness of the dissipation density results in the inequality

$$\operatorname{tr} \mathsf{T} < \frac{2T_c\sqrt{2 - \frac{1}{3}\sin^2\psi}}{\sqrt{2 - \frac{1}{3}\sin^2\psi} - 1}. \tag{9.14}$$

2. The yield condition takes the form (fig. 3)

$$(T_1 - T_2)^2 = (-\operatorname{tr} \mathsf{T} + 2T_c)^2 \sin^2\psi. \tag{9.15}$$

Thus we have obtained the classical COULOMB-MOHR yield criterion [12]. T_c and ψ denote the coefficient of normal cohesion and the angle of internal friction, respectively.

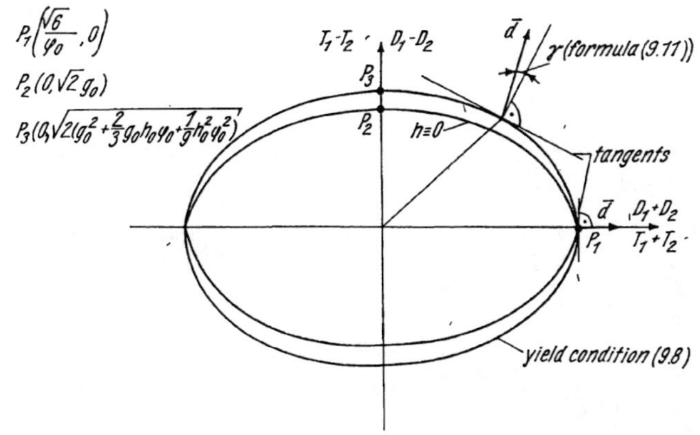

Fig. 2

3. The flow rule is as follows:

$$
\begin{aligned}
D_1 &= \frac{\mu}{2}\left[T_1 - T_2 + \frac{\sin^2\psi}{\sqrt{2 - \frac{1}{3}\sin^2\psi}}(-\operatorname{tr}\mathsf{T} + 2T_c)\right],\\
D_2 &= \frac{\mu}{2}\left[T_2 - T_1 + \frac{\sin^2\psi}{\sqrt{2 - \frac{1}{3}\sin^2\psi}}(-\operatorname{tr}\mathsf{T} + 2T_c)\right]
\end{aligned}
\tag{9.16}
$$

where

$$
\mu = \frac{\sqrt{2 - \frac{1}{3}\sin^2\psi}\,\operatorname{tr}^{1/2}\mathsf{E}^2}{(-\operatorname{tr}\mathsf{T} + 2T_c)\sin\psi}.
$$

If $\operatorname{tr}\mathsf{T} < 2T_c$ then we have $\mu > 0$. The relations (9.16) give

$$
\begin{aligned}
D_1 + D_2 &= \mu g\varphi = \mu\frac{\sin^2\psi}{\sqrt{2 - \frac{1}{3}\sin^2\psi}}(-\operatorname{tr}\mathsf{T} + 2T_c),\\
D_1 - D_2 &= \mu(T_1 - T_2).
\end{aligned}
\tag{9.17}
$$

4. The flow law is not associated with the yield condition since

$$
(f^2)' = 2(p + T_c)\sin^2\psi \neq g\varphi = 2(p + T_c)\frac{\sin^2\psi}{\sqrt{2 - \frac{1}{3}\sin^2\psi}}.
$$

5. The angle γ a normal to the yield curve makes with the vector $\bar{\boldsymbol{d}} = (D_1 + D_2, D_1 - D_2)$ is given by

$$
\cos\gamma = \frac{\sin^2\psi + \sqrt{2 - \frac{1}{3}\sin^2\psi}}{\sqrt{\sin^2\psi + 1}\sqrt{2 + \frac{2}{3}\sin^2\psi}}.
\tag{9.18}
$$

This angle is constant along the yield curve and depends on the angle of internal friction only.

6. The form (6.6) of the potential is expressed as

$$
(T_1 - T_2)^2 = \frac{\sin^2\psi}{\sqrt{2 - \frac{1}{3}\sin^2\psi}}(-\operatorname{tr}\mathsf{T} + 2T_c)^2 + 4G_1.
\tag{9.19}
$$

In fig. 3 the potential (9.19) is represented by a broken-line.

To describe a steady dynamic flow of granular materials ZAWIDZKI [13—15] applied the model of rigid, perfectly-plastic nonhomogeneous solid. The constitutive equation has the form

$$
\mathsf{T} = \mathsf{T}(\mathsf{D}, k_1, \dots, k_m),\ \text{subject to}\ \frac{\partial\mathsf{T}}{\partial\mathsf{D}}\mathsf{D} = 0 \quad\text{and}\quad \frac{\partial\mathsf{T}}{\partial\mathsf{D}} \neq 0,
\tag{9.20}
$$

where k_i, $i = 1, \dots, m$ are scalar fields of parameters defining plastic nonhomonegeity, $k_i = k_i(x_1, x_2, x_3, \tau)$, τ denotes time. During the motion these parameters are constant, i.e. $\dot{k}_i = 0$, $i = 1, \dots, m$. Plane incompressible flow was considered.

The functions A, B, C depend not only on dimensionless parameters s, t but also on k_i, $i = 1, \dots, m$. In the case of plane incompressible flow we may obtain COULOMB-MOHR yield criterion. In the theory of SAWCZUK and STUTZ [5, 6] this is not possible [7]. We think that the constitutive equation (9.20) justifies and approach in which incompressibility is connected with a dependence of a yield condition on the first stress invariant.

10. Conclusions

A plane flow of compressible solids is described by three functions: g, h, φ. A problem of experimental determination of these functions arises. These functions could be determined for example alloting experimentally a yield condition, measuring the stress T_{33} at known kinematics. The system of three equations: (4.5), $T_{33} = \frac{1}{2}(\operatorname{tr}\mathsf{T} + \frac{1}{3}h\varphi^2 - g\varphi - h)$, $(8.1)_2$ would enable us to determine these functions.

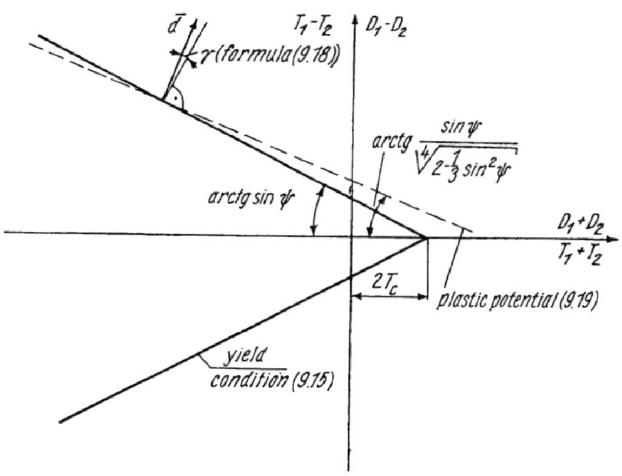

Fig. 3

In plane compressible flow the tensorially nonlinear flow rule (0.1) reduces to a linear relation. The flow law is, in general, not associated with the yield condition. The flow law and the yield condition are interdependent. In the hyperbolic range four families of characteristics exist, since the flow law is not associated with the yield condition. The stress characteristics coincide with those of velocities if the flow law is associated with the yield condition. The system of stress and velocity equations may be hyperbolic, parabolic or elliptic depending upon the material constants and dilatancy.

The second-order effects manifest in the expressions describing the stress and velocity fields, the yield condition and the power of dissipation.

Acknowledgement. Discussions with Professor A. SAWCZUK of Polish Academy of Sciences and his comments are deeply appreciated.

Note added in proof. In connection with the discussion in Secs 7 and 8 it is worthwhile to add that under the flow law not requiring proportionality of stress and strain rate deviators the equations of plane plastic flow were studied by N. Fox [J. Mech. Phys. Solids, **19**, (1971), 245–254]. The perturbation method was employed to assess the influence of tensorial nonlinearity ("second order effects") on the slip-line field. The conclusions were modified by the same author [J. Mech. Phys. Solids, **22**, (1974), 136] pointing out that the perturbation technique was in fact not needed for the purpose. A. DRESCHER from this Institute in an unpublished report has arrived at an analoguous conclusion as regards the influence of the second order effect.

In Ref. [7] equations of plane in compressible flow were studied starting with the general flow law developed in [5] considering tensor functions representations. A straight-forward demonstration was then given that in plane incompressible flow the governing system of equations is hyperbolic and slip lines are the same, irrespective tensorial nonlinearities of the constitutive law of plastic motion in the general case of deformation, since in plane incompressible flow the general tensorial relation specifying the flow law is necessarily quasi-linear.

References

1 THOMAS, T. Y., Interdependence of the yield condition and the stress-strain relations for plastic flow, Proc. Nat. Acad. Sci. U.S., **40** (1954), 593–597.
2 THOMAS, T. Y., Plastic flow and fracture in solids, N.Y., 1961.
3 TELEGA, J. J., On yield conditions and constitutive equations for isotropic, perfectly-plastic solids, IFTR Reports, **22** (1974), in Polish.
4 RIVLIN, R. S., ERICKSEN, J. L., Stress deformation relations for isotropic materials, J. Ration. Mech. Anal., **4** (1955), 323–425.
5 SAWCZUK, A., STUTZ, P., On formulation of stress-strain relations for soils at failure, ZAMP, **19** (1968), 770–778.
6 STUTZ, P., Contribution à l'étude de la loi rhéologique des milieux pulverulents, Thèse, Université de Grenoble, 1972.
7 SAWCZUK, A., TELEGA, J. J., A remark on plane plastic motion, Mech. Res. Comm. **2** (1975), 209–214.
8 HILL, R., The mathematical theory of plasticity, Claredon Press, Oxford 1950.
9 OLSZAK, W., PERZYNA, P., SAWCZUK, A. (Editors), Theory of plasticity, PWN, Warsaw 1965, in Polish.
10 MOSTOWSKI, A., STARK, W., Elements of higher algebra, PWN, Warsaw, 1966, in Polish.
11 IZBICKI, R., General yield condition, I. Plane deformation, Bull. Acad. Pol. Sci., Série sci. techn., **20** (1972), 557–564.
12 SOBOTKA, Z., Yield conditions and limit analysis of soils, Warsaw-Wrocław-Kraków, Ossolineum 1966, in Polish.
13 ZAWIDZKI, J., Steady dynamic flow of granular materials, Ph. Thesis, IPPT PAN, Warsaw 1969, in Polish.
14 ZAWIDZKI, J., On relations along characteristics in general plane states of nonhomogeneous plastic media, Bull. Acad. Pol. Sci., Série sci. techn., **15** (1967), 941–949.
15 ZAWIDZKI, J., A note on dynamic compression of granular media, ZAMM, **50** (1970), 771–772.

Eingereicht am 8. 3. 1976, revidierte Fassung am 6. 5. 1976

Anschrift: Dr. JÓZEF JOACHIM TELEGA, Institute of Fundamental Technological Research, Swietokrzyska 21, 00-049 Warszawa, Polen

ZAMM 58, 143 – 150 (1978)

W. SZABLEWSKI

Ähnlichkeitsgesetz des Spektrums der Turbulenzenergie für den Trägheitsbereich $k \gg k_0$ in homogener isotroper Turbulenz

Auf der Grundlage der Formel von Kovasznay für den turbulenten Energiefluß, die äquivalent ist dem Kolmogorovschen —5/3-Gesetz des Spektrums der Turbulenzenergie, wird für den Trägheitsbereich $k \gg k_0$ (k_0 Wellenzahl der großen Wirbel) ein Ähnlichkeitsgesetz des Spektrums der Turbulenzenergie hergeleitet, das die Modellkonstante Re_λ enthält und in der Asymptote in das Kolmogorovsche —5/3-Gesetz übergeht. Das entsprechende eindimensionale Spektrum stimmt mit der neueren Messung von J. Schedvin et al. überein.

On the basis of Kovasznay's formula for the transfer of kinetic energy — equivalent to Kolmogrov's —5/3-power law for the spectrum of energy — a law of similarity for the spectrum of energy is derived in the inertial region $k \gg k_0$ (k_0 wave number of the big eddies), which contains the Reynolds number Re_λ and has the asymptotic form of Kolmogorov's —5/3-power law. The corresponding one-dimensional spectrum is in agreement with recently published measurements of J. Schedvin.

На основе формулы Ковачного для переноса кинетической энергии, которая эквивалентна степенному закону Колмогорова с показателем —5/3 для спектра энергии турбулентности, выводится в случае диапазона инертности $\kappa \gg \kappa_0$ закон подобия для спектра энергии турбулентности, где κ_0 — волновое число большого вихря. Этот закон содержит в себе модельную константу Re_λ и ассимптотически переходит с степенной закон Колмогорова с показателем —5/3. Соответствующий одномерный спектр согласуется с недавними измерениями Шедвина и др.

Einleitung

Frequenzanalyse turbulenter Strömungen ergibt ein kontinuierliches Spektrum der mittleren Turbulenzenergie der Masseneinheit

$$E\left(=\frac{\overline{v_i v_i}}{2}\right)=\int_0^\infty E_k \, \mathrm{d}k\,, \qquad k[\mathrm{m}^{-1}] \text{ Wellenzahl}\,.$$

Die reziproken Wellenzahlen k^{-1} sind dabei als charakteristisches Längenmaß der in der Strömung enthaltenen Turbulenzelemente, auch Wirbel genannt, aufzufassen.

Aus den NAVIER-STOKESschen Gleichungen für die Geschwindigkeitskorrelationen in homogener isotroper Turbulenz gewinnt man durch FOURIERtransformation für das Spektrum E_k über der Wellenzahl k die Gleichung

$$\frac{\partial E_k}{\partial t} = -\frac{\partial S(k)}{\partial k} - 2\nu k^2 E_k \tag{1}$$

(ν kinematische Zähigkeit) bzw.

$$\partial/\partial t \int_0^k E_k \, \mathrm{d}k = -S(k) - 2\nu \int_0^k k^2 E_k \, \mathrm{d}k\,. \tag{2}$$

Hier bezeichnet $S(k)$, Transformierte der nichtlinearen Glieder der Trägheitskräfte, symbolisch den Fluß kinetischer Energie durch Bildung von Wirbeln $> k$. Da der Verlust kinetischer Energie letzlich aus der Reibung resultiert,

$$\frac{\mathrm{d}}{\mathrm{d}t}\int_0^\infty E_k \, \mathrm{d}k \left(=\frac{\mathrm{d}E}{\mathrm{d}t}\right)^{\cdot} = -2\nu \int_0^\infty k^2 E_k \, \mathrm{d}k\,,$$

haben wir für $S(k)$ die Randbedingung

$$\lim_{k\to\infty} S(k) = 0\,. \tag{3}$$

Die Problematik der theoretischen Forschung liegt derzeit in der Aufgabe, den Energiefluß $S(k)$ in Relation zu den Variablen k, E_k zu setzen. Hier lagen bisher nur hypothetische Ansätze vor (vgl. z. B. I. O. HINZE [1]).

Unter der Voraussetzung großer REYNOLDSscher Zahl

$$\mathrm{Re}_{k_0} = \frac{\sqrt{E_{k_0}/k_0}}{\nu}$$

des Spektrums, wo k_0 die Wellenzahl der großen Wirbel bezeichnet, läßt sich jedoch für einen Teilbereich des Spektrums eine definitive Aussage treffen.

a) Trägheitsunterbereich (Inertial Subrange)

Unter der genannten Voraussetzung großer REYNOLDSscher Zahl Re_{k_0} kann man im Spektrum zunächst einen Trägheitsbereich (inertial range) mit vernachlässigbarem Einfluß der Reibungskräfte im Vergleich mit den Trägheitskräften abgrenzen gegen einen Zähigkeitsbereich (viscous range) mit merkbarem Einfluß der Reibungskräfte. Mit wachsender REYNOLDSscher Zahl Re_{k_0} wird dabei der Zähigkeitsbereich des Spektrums, dessen Breite im Rahmen der Kontinuumsmechanik eine endliche Schranke gesetzt ist, immer mehr eingeengt.

Bei hinreichend großem Re_{k_0} wird es dann weiter im Trägheitsbereich einen an den Zähigkeitsbereich grenzenden Unterbereich (inertial subrange) $k \gg k_0$ geben, für welchen

α) Unabhängigkeit von den äußeren Bedingungen bzw. von den großen Wirbeln k_0 angenommen werden kann;
β) der Fluß kinetischer Energie hier

$$S(k) = -\frac{\partial}{\partial t}\int_0^k E_k\,\mathrm{d}k \approx -\frac{\mathrm{d}}{\mathrm{d}t}\int_0^\infty E_k\,\mathrm{d}k = \varepsilon \tag{4}$$

(ε Dissipation) gesetzt werden kann.

In diesem Unterbereich tritt neben den Variablen E_k und k nur noch der Parameter ε auf. Es folgt dimensionsanalytisch

$$E_k \approx \alpha\varepsilon^{2/3}\,k^{-5/3} \quad \text{bzw.} \quad E_k = \alpha\varepsilon^{2/3}k^{-5/3} \quad \text{für} \quad k \to \infty \tag{5), (6}$$

(α dimensionslose empirische Konstante). Das Spektralgesetz (5) wurde erstmalig von A. N. KOLMOGOROV [2] hergeleitet und ist durch zahlreiche Messungen bestätigt worden (vgl. auch Abb. 5). Unabhängig von KOLMOGOROV fanden diese Gesetzmäßigkeit auch L. ONSAGER [3] und C. F. VON WEIZSÄCKER [4].

Als wichtige Folgerung — vgl. [5] — ergibt sich aus (5) mit $S \approx \varepsilon$ nach (4)

$$S(k) \approx \alpha^{-3/2}\,E_k^{3/2}k^{5/2} \tag{7}$$

im Trägheitsunterbereich. (5) und (7) stellen also äquivalente Formen dar. Die Formulierung (7) für den Energiefluß $S(k)$, die von L. S. G. KOVASZNAY [6] vorgeschlagen wurde, findet damit gegenüber anderen hypothetischen Ansätzen (A. M. OBUCHOW, W. HEISENBERG u. a.) eine Bestätigung.

b) Universeller Bereich

Im Zähigkeitsbereich tritt als weitere determinierende physikalische Einflußgröße die kinematische Zähigkeit ν und damit neben $1/k$ die weitere determinierende Länge $(\nu^3/\varepsilon)^{1/4}$ auf. Dimensionsanalytisch erhält man dann bei Fortsetzung von (5) in den Zähigkeitsbereich und damit für den sogenannten universellen Bereich $k \gg k_0$ nach KOLMOGOROV

$$E_k = \alpha\varepsilon^{2/3}\,k^{-5/3}f(k\nu^{3/4}/\varepsilon^{1/4})$$

mit der bei der Dimensionsanalysis unbestimmt bleibenden Funktion f.

Führen wir die dimensionslosen Größen

$$\tilde{E}_{\tilde{k}} = E_k(\nu^5\varepsilon)^{-1/4}, \qquad \tilde{k} = k(\nu^3/\varepsilon)^{1/4} \tag{8}$$

ein, so erhalten wir demnach für den universellen Bereich nach KOLMOGOROV

$$\tilde{E}_{\tilde{k}} = \alpha\tilde{k}^{-5/3}f(\tilde{k})\,. \tag{9}$$

Für den Fluß kinetischer Energie im universellen Bereich erhält man entsprechend

$$\tilde{S}(\tilde{k})\ (= S/\varepsilon) = \alpha^{-3/2}\,\tilde{E}_{\tilde{k}}^{3/2}\tilde{k}^{5/2}f_1(\tilde{k})\,. \tag{10}$$

Für $\tilde{E}_{\tilde{k}}$ nimmt Gleichung (1) unter Beachtung von

$$\left.\frac{\partial\tilde{E}_{\tilde{k}}}{\partial t}\right|_k = \frac{\mathrm{d}\tilde{E}_{\tilde{k}}}{\mathrm{d}\tilde{k}}\frac{\mathrm{d}\tilde{k}}{\mathrm{d}t} = -\frac{1}{4}\frac{1}{\varepsilon}\frac{\mathrm{d}\varepsilon}{\mathrm{d}t}\tilde{k}\frac{\mathrm{d}\tilde{E}_{\tilde{k}}}{\mathrm{d}\tilde{k}}$$

die Form an

$$\frac{\nu^{1/2}}{4}\frac{1}{\varepsilon^{3/2}}\frac{\mathrm{d}\varepsilon}{\mathrm{d}t}\left(-\tilde{k}\frac{\mathrm{d}\tilde{E}_{\tilde{k}}}{\mathrm{d}\tilde{k}} + \tilde{E}_{\tilde{k}}\right) = -\frac{\mathrm{d}\tilde{S}}{\mathrm{d}\tilde{k}} - 2\tilde{k}^2\tilde{E}_{\tilde{k}}\,. \tag{11}$$

Hier muß im universellen Bereich

$$\frac{\nu^{1/2}}{4}\frac{1}{\varepsilon^{3/2}}\frac{\mathrm{d}\varepsilon}{\mathrm{d}t} = -a$$

sein, wo $a > 0$ eine dimensionslose Konstante ist. Es folgt für die Dissipation der kinetischen Energie in Wärme

$$\varepsilon = \frac{1}{4}\frac{\nu}{a^2}\frac{1}{t^2} \tag{12}$$

und damit — bei Nullsetzen der Integrationskonstante — für den Abfall der Turbulenzenergie im sog. Frühstadium (große REYNOLDSsche Zahl Re_{k_0}) das viel diskutierte Gesetz (vgl. z. B. [1])

$$E = \frac{1}{4}\frac{\nu}{a^2}\frac{1}{t}\,. \tag{13}$$

Durch jüngste Messungen [9] ist die Gesetzmäßigkeit (13) als bestätigt anzusehen.

Mit der turbulenten REYNOLDSzahl

$$\mathrm{Re}_\lambda = \sqrt{\overline{u'^2}}\,\lambda/\nu \quad \left(\lambda = \sqrt{15\nu\overline{u'^2}/\varepsilon}\ \text{TAYLORsche Mikrolänge}\right),$$

die eine Modellkonstante darstellt, steht a in der Beziehung

$$a = \sqrt{5/3}\,\mathrm{Re}_\lambda^{-1}\,. \tag{14}$$

Es ist anzumerken, daß der Abfall der Turbulenzenergie gemäß (13) gebunden ist an die Existenz eines universellen Bereiches. Mit ständig fortschreitendem Abfall von E und damit kleiner werdenden REYNOLDSschen Zahlen Re_k erfaßt der Einfluß der Zähigkeit immer weitere Bereiche des Spektrums, so daß schließlich die Existenz eines universellen Bereiches aufgehoben wird. Es sind dann andere Gesetzmäßigkeiten zu erwarten; vgl. z. B. S. C. LING und T. T. HUANG [7].

Über die Verteilung der Spektralfunktion E_k im Zähigkeitsbereich lassen sich derzeit Aussagen nur auf Grund von Hypothesen machen. Für den asymptotischen Bereich $\tilde{k} \to \infty$ des universellen Bereiches scheint jedoch unter der Voraussetzung, daß der Energiefluß bzw. die Bildung von Wirbeln des Maßes k aus der Nachbarschaft erfolgt, eine Aussage möglich. Mit $\mathrm{Re}_k \to 0$ ist dann hier der Wirbelumsatz $\mathrm{d}\tilde{S}/\mathrm{d}\tilde{k}$ gegen die viskose Dissipation $2\tilde{k}^2\tilde{E}_{\tilde{k}}$ als vernachlässigbar anzusehen. Wir haben es dann — vgl. [8] — in der Asymptote nach (11) und (12) mit der Gleichung

$$a\left(\tilde{k}\,\frac{\mathrm{d}\tilde{E}_{\tilde{k}}}{\mathrm{d}\tilde{k}} - \tilde{E}_{\tilde{k}}\right) = -\,2\tilde{k}^2\tilde{E}_{\tilde{k}} \tag{15}$$

zu tun, aus der

$$\tilde{E}_{\tilde{k}} = \beta\tilde{k}\mathrm{e}^{-\tilde{k}^2/a} = \beta\tilde{k}\mathrm{e}^{-\sqrt{3/5}\,\mathrm{Re}_\lambda\tilde{k}^2} \quad (\beta \text{ dimensionslose empirische Konstante}) \tag{16}$$

folgt bzw.

$$E_k = \beta\nu^2 k\,\mathrm{e}^{-2\nu k^2 t} \quad \text{für} \quad k \to \infty\,. \tag{17}$$

Wäre

$$\frac{-\,\mathrm{d}\tilde{S}/\mathrm{d}\tilde{k}}{2\tilde{k}^2\tilde{E}_{\tilde{k}}} \to \gamma \quad \text{für} \quad k \to \infty\,, \tag{18}$$

so müßte die Konstante $0 \leqq \gamma < 1$ sein; und man erhielte in der Asymptote

$$\tilde{E}_{\tilde{k}} \sim \tilde{k}\,\mathrm{e}^{-(1-\gamma)\tilde{k}^2/a}\,. \tag{19}$$

c) Trägheitsbereich $k \gg k_0$

1. Für den Energiefluß $S(k)$ ergibt Dimensionsanalysis hier (unabhängig von der Existenz eines Trägheitsunterbereiches bzw. der Forderung $S \approx \varepsilon$)

$$S(k) = \alpha^{-3/2}E_k^{3/2}k^{5/2}\,; \tag{20}$$

denn E_k und $S(k)$ bedingen offenbar einander und im Trägheitsbereich $k \gg k_0$ steht nur die Länge $1/k$ zur Verfügung. Für $S(k) \approx \varepsilon$ erhält man aus (20) dann wieder das KOLMOGOROVsche Gesetz (7) $E_k \approx \alpha\varepsilon^{2/3}k^{-5/3}$.

Setzt man (20) in Gleichung (1) ein, so wird die spektrale Verteilung E_k im genannten Bereich durch die Gleichung

$$\frac{\partial E_k}{\partial t} + \frac{3}{2}\alpha^{-3/2}k^{5/2}E_k^{1/2}\,\frac{\partial E_k}{\partial k} = -\,\frac{5}{2}\alpha^{-3/2}k^{3/2}E_k^{3/2} \tag{21}$$

beschrieben. Gl. (21) stellt eine quasilineare partielle Differentialgleichung 1. Ordnung dar. Das zugeordnete charakteristische System gewöhnlicher Differentialgleichungen

$$\frac{\mathrm{d}t}{1} = \frac{\mathrm{d}k}{(3/2)\,\alpha^{-3/2}k^{5/2}E_k^{1/2}} = -\,\frac{\mathrm{d}E_k}{(5/2)\,\alpha^{-3/2}k^{3/2}E_k^{3/2}} \tag{22}$$

ergibt mit den Integralen

$$E_k k^{5/3} = c_1\,, \qquad t + \alpha^{3/2}E_k^{-1/2}k^{-3/2} = c_2 \tag{23}$$

die allgemeine Lösung

$$E_k = k^{-5/3}\,g(t + \alpha^{3/2}E_k^{-1/2}k^{-3/2})\,, \tag{24}$$

wo g eine zunächst unbestimmte Funktion ist.

Es ist zu fordern, daß für $k \to \infty$ bzw. $S \to \varepsilon$

$$E_k = \alpha\varepsilon^{2/3}k^{-5/3}\,,$$

d. h. mit (12)

$$E_k = \alpha\left(\frac{1}{4}\,\frac{\nu}{a^2}\right)^{2/3} t^{-4/3}k^{-5/3}\,. \tag{25}$$

Erfüllung dieser Randbedingung bestimmt dann g zu

$$g(t + \alpha^{3/2} E_k^{-1/2} k^{-3/2}) = \alpha \left(\frac{1}{4} \frac{\nu}{a^2}\right)^{2/3} (t + \alpha^{3/2} E_k^{-1/2} k^{-3/2})^{-4/3} . \tag{26}$$

Eliminieren wir wieder t mit Hilfe von (12), so erhalten wir für die spektrale Verteilung der Turbulenzenergie im Trägheitsbereich $k \gg k_0$ — vgl. [8] —

$$E_k = \frac{\alpha \varepsilon^{2/3} k^{-5/3}}{[1 + 2\alpha^{3/2}\, a (\varepsilon/\nu)^{1/2}\, k^{-3/2} E_k^{-1/2}]^{4/3}} ; \tag{27}$$

in dimensionsloser Form und mit (14)

$$\tilde{E}_{\tilde{k}} = \frac{\alpha \tilde{k}^{-5/3}}{[1 + 2\sqrt{5/3}\, \alpha^{3/2}\, \mathrm{Re}_\lambda^{-1} \tilde{k}^{-3/2} \tilde{E}_{\tilde{k}}^{-1/2}]^{4/3}} . \tag{28}$$

Die erhaltene Verteilung, die gemäß der Randbedingung (25) in der Asymptote das $-5/3$-Gesetz liefert, hängt nunmehr auch von der Modellkonstante Re_λ ab.

Führen wir die Variable

$$k_* = \tilde{k} M^{-3/2} , \qquad M = 2\sqrt{5/3}\, \alpha\, \mathrm{Re}_\lambda^{-1} \tag{29}$$

ein, so folgt aus (28) für

$$\psi = \alpha^{-1} \tilde{E}_{\tilde{k}} \tilde{k}^{5/3} \tag{30}$$

die Verteilung in expliziter Form (Abb. 1)

$$k_* = \frac{\psi^{3/8}}{(1 - \psi^{3/4})^{3/2}} . \tag{31}$$

Mit

$$E_*(k_*) = \tilde{E}_{\tilde{k}} M^{5/2}/\alpha \tag{32}$$

erhalten wir dann das Ähnlichkeitsgesetz

$$E_*(k_*) = k_*^{-5/3} \psi(k_*) \tag{33}$$

der spektralen Verteilung der Turbulenzenergie im Trägheitsbereich $k \gg k_0$. (Abb. 2).

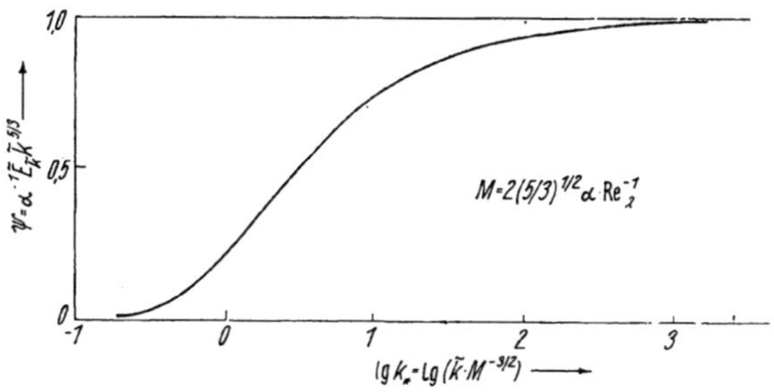

Abb. 1. Spektrale Verteilung von $\psi = \alpha^{-1} \tilde{E}_{\tilde{k}} \tilde{k}^{5/3}$ im Trägheitsbereich $k \gg k_0$

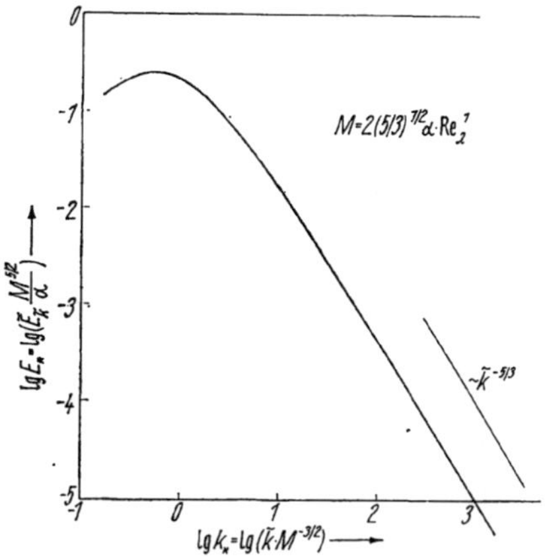

Abb. 2. Spektrum der Turbulenzenergie im Trägheitsbereich $k \gg k_0$

2. Gemessen wird das eindimensionale Spektrum

$$\overline{u'^2} = \int_0^\infty E_{11}(k_1)\, \mathrm{d}k_1$$

($\mathfrak{k}$ Vektor im Wellenzahlenraum mit dem Komponenten k_1, k_2, k_3). Wir ermitteln das eindimensionale Spektrum im Trägheitsbereich $k \gg k_0$ anhand der bekannten Relation

$$\tilde{E}_{11}(\tilde{k}_1) = \int_{\tilde{k}_1}^{\infty} \left(1 - \frac{\tilde{k}_1^2}{\tilde{k}^2}\right) \frac{\tilde{E}_{\tilde{k}}}{\tilde{k}}\, \mathrm{d}\tilde{k} . \tag{34}$$

Transformieren wir mittels (31) auf die Variable ψ, so kommt

$$E_{*11}(k_{*1}) \; (\equiv \tilde{E}_{11}(\tilde{k}_1)\, M^{5/2}/\alpha) = \frac{3}{8} \int_{\psi_1}^{1} \left[1 - \frac{\psi_1^{3/4}}{\psi^{3/4}} \frac{(1 - \psi^{3/4})^3}{(1 - \psi_1^{3/4})^3}\right] \frac{(1 - \psi^{3/4})^{3/2}}{\psi^{5/8}} (1 + 2\psi^{3/4})\, \mathrm{d}\psi . \tag{35}$$

Die Auswertung ergibt mit $y_1 = \psi_1^{3/8}$ die Formel

$$\begin{aligned} E_{*11}(k_{*1}) = \frac{1}{2}\Big\{&(\arcsin 1 - \arcsin y_1) - y_1(1 - y_1^2)^{1/2} - \\ &- \frac{2}{3} y_1^3 (1 - y_1^2)^{3/2} - \frac{y_1^2}{(1 - y_1^2)^3}\Big[-\frac{63}{16}(\arcsin 1 - \arcsin y_1) + \\ &+ \left(\frac{2}{y_1} + \frac{31}{16} y_1\right)(1 - y_1^2)^{1/2} + \left(\frac{1}{8} y_1 + \frac{3}{2} y_1^3 - \frac{7}{5} y_1^5 + \frac{2}{5} y_1^7\right)(1 - y_1^2)^{3/2}\Big]\Big\}; \end{aligned} \tag{36}$$

dazu tritt (31)

$$k_{*1} = \frac{y_1}{(1 - y_1^2)^{3/2}}.$$

Das sich gemäß (36) ergebende, dem Ähnlichkeitsgesetz (33) entsprechende, eindimensionale Spektrum $E_{*11}(k_{*1})\, k_{*1}^{5/3}$ (Tabelle) ist in Abb. 3 aufgetragen.

Tabelle

$\lg(\tilde{k}_1 M^{-3/2})$	$\tilde{E}_{11}\tilde{k}_1^{5/3}/\alpha$	$\lg(\tilde{k}_1 M^{-3/2})$	$\tilde{E}_{11}\tilde{k}_1^{5/3}/\alpha$	$\lg(\tilde{k}_1 M^{-3/2})$	$\tilde{E}_{11}\tilde{k}_1^{5/3}/\alpha$
−2,000	0,00036	−0,284	0,0900	0,861	0,263
−1,522	0,00211	−0,199	0,105	0,973	0,272
−1,397	0,00333	−0,114	0,121	1,106	0,282
−1,299	0,00473	−0,025	0,137	1,273	0,292
−0,993	0,0135	0,069	0,151	1,494	0,302
−0,809	0,0242	0,171	0,172	1,641	0,307
−0,672	0,0360	0,284	0,191	1,829	0,312
−0,560	0,0486	0,414	0,211	2,095	0,317
−0,461	0,0618	0,569	0,232	2,547	0,325
−0,371	0,0756	0,765	0,254		

Für die Asymptote $k_1 \to \infty$ ist folgende Näherung anwendbar: Setzen wir $\psi^{1/4} = 1 - \varepsilon$, so ergibt (31) mit $1 - \psi^{3/4} \approx 3\varepsilon(1 - \varepsilon)$

$$\psi \approx (1 - \tfrac{1}{3} k_*^{-2/3})^4 . \tag{37}$$

Einsetzen in (34) ergibt dann die asymptotische Formel

$$E_{*11}(k_{*1}) = \tfrac{18}{55} k_{*1}^{-5/3} - \tfrac{24}{91} k_{*1}^{-7/3} + \tfrac{4}{45} k_{*1}^{-9/3} - \tfrac{8}{561} k_{*1}^{-11/3} + \tfrac{2}{2223} k_{*1}^{-13/3} , \tag{38}$$

wobei hier das erste Glied dem Kolmogorovschen-5/3-Gesetz entspricht. Die Formeln (36) und (38) stimmen in einem weiten Intervall überein (vgl. Abb. 3).

Zum Vergleich von Theorie und Experiment ziehen wir die von J. Schedvin et al. [9] durchgeführte Messung im Nachlauf einer Gitterströmung bei der relativ großen Reynoldsschen Zahl

$$\mathrm{Re}_{M_0}\left(= \frac{U M_0}{\nu}\right) = 4{,}08 \cdot 10^5$$

(M_0 Maschenweite, U mittlere Geschwindigkeit im Windkanal) heran. Die Modellkonstante Re_λ betrug nach der Messung

$$\mathrm{Re}_\lambda = 280 .$$

Setzen wir die empirische Konstante $\alpha = 1{,}6$, so erhalten wir nach (36) mit $\tilde{E}_{11} = E_{*11}\alpha M^{-5/2}$, $\tilde{k}_1 = k_{*1} M^{3/2}$ die in Abb. 4 und 5 eingetragenen Kurven, die mit der Messung übereinstimmen.

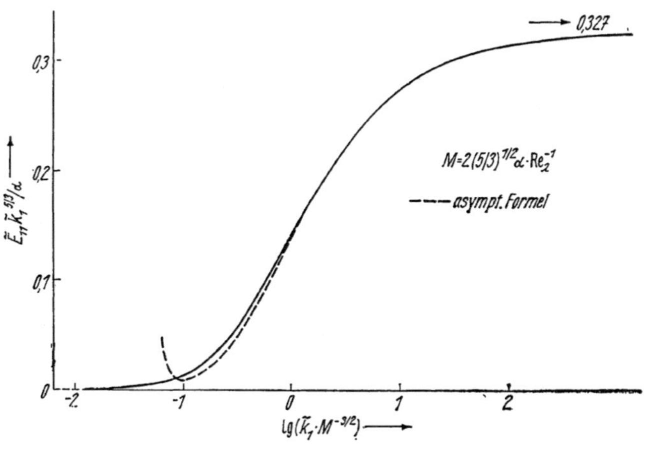

Abb 3. Eindimensionale spektrale Verteilung von $E_{*11}k_{*1}^{5/3}$ im Trägheitsbereich $k \gg k_0$

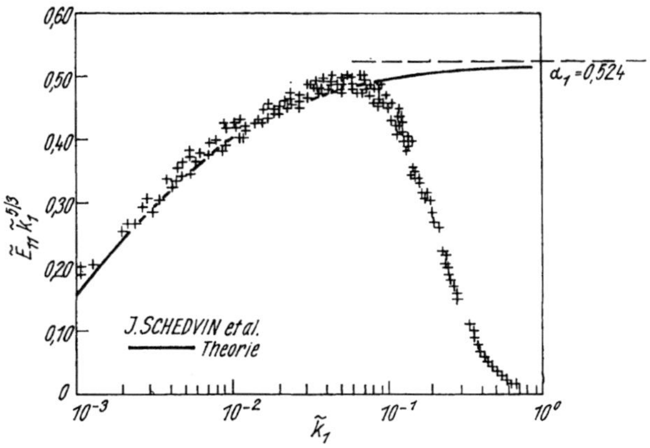

Abb. 4. Eindimensionales Spektrum von $\tilde{E}_{11}\tilde{k}_1^{5/3}$ im Trägheitsbereich $k \gg k_0$ bei $\mathrm{Re}\lambda = 280$

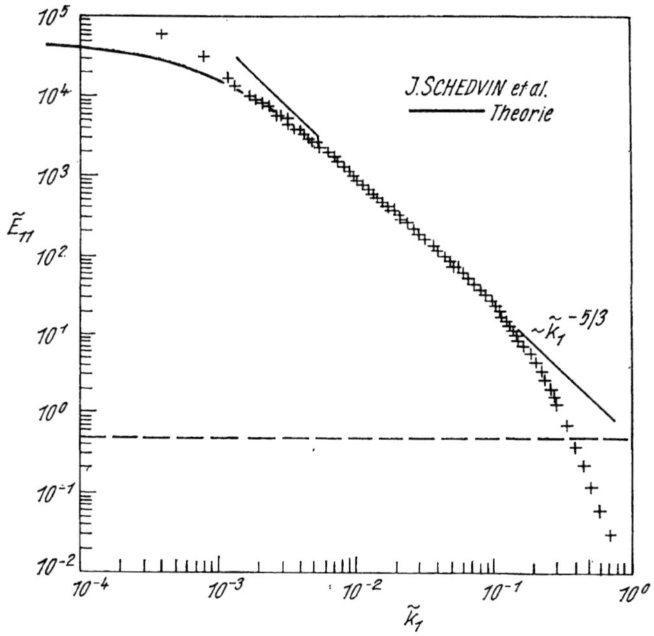

Abb. 5. Eindimensionales Spektrum von $\tilde{E}_{11}$ im Trägheitsbereich $k \gg k_0$ bei $\mathrm{Re}\lambda = 280$

d) Übergang vom Trägheits- zum Zähigkeitsbereich

Im Übergangsbereich ist der Einfluß der kinematischen Zähigkeit zu berücksichtigen. Wir tragen dem Rechnung, indem wir in den Kalkül die Dissipation aufnehmen. Der dämpfende Einfluß der Zähigkeit auf den Energiefluß $S(k)$ bleibt dagegen hier außer acht; insofern unterliegen in diesem Rahmen gewonnene Ergebnisse einer Einschränkung. Die Berücksichtigung des Gliedes der Dissipation in (1) ergibt dann für E_k in erweiterter Form von (21) die Gleichung

$$\frac{\partial E_k}{\partial t} + \frac{3}{2}\alpha^{-3/2}k^{5/2}E_k^{1/2}\frac{\partial E_k}{\partial k} = -\frac{5}{2}\alpha^{-3/2}k^{3/2}E_k^{3/2} - 2\nu k^2 E_k \tag{39}$$

mit dem charakteristischen System

$$\frac{\mathrm{d}t}{1} = \frac{\mathrm{d}k}{(3/2)\,\alpha^{-3/2}\,k^{5/2}E_k^{1/2}} = -\frac{\mathrm{d}E_k}{(5/2)\,\alpha^{-3/2}k^{3/2}E_k^{3/2} + 2\nu k^2 E_k}. \tag{40}$$

Hier erhalten wir zunächst das Integral

$$\left(\sqrt{\frac{E_k}{k}} + \frac{\alpha^{3/2}\nu}{2}\right)k^{4/3} = c_1 . \tag{41}$$

Das aus den beiden ersten Gliedern des Systems zu gewinnende zweite Integral lautet mit $E_k = k^{-5/3}\left(c_1 - \frac{\alpha^{3/2}\nu}{2}k^{4/3}\right)^2$ nach (41) zunächst

$$t = \frac{2}{3}\alpha^{3/2}\int\frac{\mathrm{d}k}{c_1 k^{5/3} - \alpha^{3/2}(\nu/2)\,k^3}.$$

Mit der im Übergang als zulässig anzusehenden Näherung

$$\frac{\alpha^{3/2}\nu}{2c_1}k^{4/3} \ll 1, \qquad \text{d. h.} \quad \frac{\alpha^{3/2}}{2} \ll \sqrt{\frac{E_{\tilde{k}}}{\tilde{k}}} + \frac{\alpha^{3/2}}{2}$$

erhalten wir dann das zweite Integral

$$t + \frac{\alpha^{3/2}}{c_1}\left(k^{-2/3} - \frac{\alpha^{3/2}\nu}{2c_1}k^{2/3}\right) = c_2 ,$$

bzw. mit (41)

$$t + \alpha^{3/2}k^{-2}\sqrt{E_k/k}\left(\sqrt{E_k/k} + \frac{\alpha^{3/2}\nu}{2}\right)^{-2} = c_2 . \tag{42}$$

Damit gewinnen wir die allgemeine Lösung

$$E_k = k^{-5/3}\left\{G\left[t + \frac{\alpha^{3/2}k^{-2}\sqrt{E_k/k}}{(\sqrt{E_k/k} + \alpha^{3/2}\nu/2)^2}\right] - \frac{\alpha^{3/2}\nu}{2}k^{4/3}\right\}^2, \tag{43}$$

wo G eine zunächst unbestimmte Funktion ist.

Die Forderung, daß für $\nu = 0$ wieder (27) erscheint, bestimmt dann G zu

$$G = \alpha^{1/2} \left(\frac{\nu}{4a^2}\right)^{1/3} \left[t + \frac{\alpha^{3/2} k^{-2} \sqrt{E_k/k}}{(\sqrt{E_k/k} + \alpha^{3/2}\nu/2)^2}\right]^{-2/3} \tag{44}$$

Eliminieren wir wieder t mit Hilfe von (12), so erhalten wir schließlich in dimensionsloser Form und mit $a = \sqrt{5/3}\,\mathrm{Re}_\lambda^{-1}$ nach (14)

$$\tilde{E}_{\tilde{k}} = \alpha \tilde{k}^{-5/3} \left\{\left[1 + \frac{\alpha^{1/2} M \sqrt{\tilde{E}_{\tilde{k}}/\tilde{k}}}{\left(\sqrt{\tilde{E}_{\tilde{k}}/\tilde{k}} + \underline{\alpha^{3/2}/2}\right)^2} - \frac{1}{\tilde{k}^2}\right]^{-2/3} \cdot \underline{\frac{\alpha}{2}\,\tilde{k}^{4/3}}\right\}^2 . \tag{45}$$

Für $\psi = \alpha^{-1} \tilde{E}_{\tilde{k}} \tilde{k}^{5/3}$ ergibt das die Verteilung — vgl. [8] —

$$\psi = \left\{\left[1 + \frac{M\sqrt{\psi}}{(\sqrt{\psi} + \underline{(\alpha/2)\,\tilde{k}^{4/3}})^2} \cdot \frac{1}{\tilde{k}^{2/3}}\right]^{-2/3} - \underline{\frac{\alpha}{2}\,\tilde{k}^{4/3}}\right\}^2 , \tag{46}$$

die im Übergangsbereich die Abweichung der spektralen Verteilung vom $-5/3$-Gesetz beschreibt. Die unterstrichenen Glieder geben den Einfluß der Dissipation wieder.

Führen wir hier

$$\Phi = \sqrt{\psi} + \frac{\alpha}{2}\,\tilde{k}^{4/3} \left(\equiv \sqrt{\psi} + \frac{\alpha}{2}\,M^2 k_*^{4/3}\right) \tag{47}$$

ein, so folgt für Φ die Gleichung

$$\Phi^2 \tilde{k}^{4/3} + M\left(\Phi - \frac{\alpha}{2}\,\tilde{k}^{4/3}\right) = \Phi^{1/2} \tilde{k}^{2/3} ,$$

die im Bereich

$$\tilde{k}^{4/3} \ll 2\Phi/\alpha$$

die Verteilung in expliziter Form

$$k_* \approx \frac{\Phi^{3/4}}{(1 - \Phi^{3/2})^{3/2}} \tag{48}$$

ergibt; vgl. hierzu (31). Die erhaltenen (dreidimensionalen) spektralen Verteilungen nach (48) (Abb. 6) zeigen einen mit Messungen eindimensionaler Spektren analogen Verlauf; insofern jedoch hier der dämpfende Einfluß der Zähigkeit auf den Energiefluß $S(k)$ außer acht blieb, unterliegt das Ergebnis — wie schon bemerkt — einer Einschränkung.

Bei hinreichend großem $\tilde{k}$ verliert sich der Einfluß der Modellkonstanten Re_λ auf das Spektrum im Übergangsbereich und (45) geht in die von KOVASZNAY [6] angegebene Form

$$\tilde{E}_{\tilde{k}} = \alpha \tilde{k}^{-5/3} \left(1 - \frac{\alpha}{2}\,\tilde{k}^{4/3}\right)^2 \tag{49}$$

über, entsprechend

$$\psi = \left(1 - \frac{\alpha}{2}\,\tilde{k}^{4/3}\right)^2 .$$

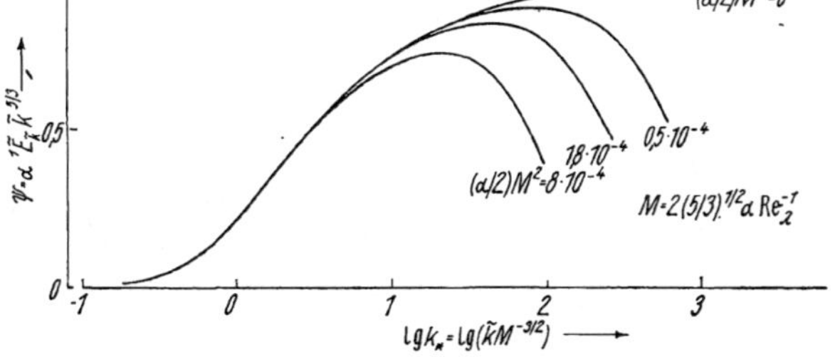

Abb. 6. Spektrale Verteilung von $\psi = \alpha^{-1} \tilde{E}_{\tilde{k}} \tilde{k}^{5/3}$ im Trägheits- und Übergangsbereich $k \gg k_0$

Literatur

1 HINZE, I. O., Turbulence, McGraw-Hill, New York 1959.
2 KOLMOGOROV, A. N., Die lokale Struktur der Turbulenz in einer inkompressiblen zähen Flüssigkeit bei sehr großen REYNOLDSschen Zahlen, Dokl. Akad. Wiss. USSR **30** (1941), 745.
3 ONSAGER, L., The distribution of energy in turbulence, Phys. Rev. **68** (1945), 286.
4 VON WEIZSÄCKER, C. F., Das Spektrum der Turbulenz bei großen REYNOLDSschen Zahlen, Z. Phys. **124** (1948), 614.

5 Szablewski, W., a) Zur spektralen Verteilung der Turbulenzenergie und ihrer Komponenten in turbulenten Grenzschichten, Ann. Physik, Leipzig **32** (1975), 353. b) Turbulente Scherströmungen I: Grenzschichten, Akad.-Verlag Berlin 1976.
6 Kovasznay, L. S. G., Spectrum of locally isotropic turbulence, J. Aeron. Sci. **15** (1948), 745.
7 Ling, S. C. and Huang, T. T., Decay of weak turbulence. Phys. Fluids **13** (1970), 2912.
8 Szablewski, W., Über das Energiespektrum in homogener isotroper Turbulenz, Ann. Physik **33** (1976), 300.
9 Schedvin J.; Stegen, G. R. and Gibson, C. H., Universal similarity at high grid Reynolds numbers, Journal of Fluid Mech. **65** (1974), 561.

Eingereicht am 15. 2. 1976

Anschrift: Prof. Dr. Witold Szablewski, Zentralinstitut für Mathematik und Mechanik der AdW der DDR, 108 Berlin, Mohrenstraße 39, DDR

ZAMM 58, 151 – 154 (1978)

K. MILLSAPS / J. E. NYDAHL

Heat Transfer in a Laminar Cyclone II

Dieser Aufsatz enthält als zweiten und abschließenden Teil die Untersuchung für den Wärmeaustausch, für die laminare Drehströmung über festem Grunde und die Wirkung der erzwungenen und freien Konvektion. Zur Lösung des Systems partieller Differentialgleichungen werden Ähnlichkeitstransformationen benutzt und das sich ergebende System gewöhnlicher Differentialgleichungen wird numerisch integriert. Die zweiten und dritten asymptotischen Lösungen werden stetig angepaßt, wobei nur die Anfangsbedingungen der erzwungenen Konvektion systematisch geändert werden. Numerische Ergebnisse in Tafelform (für zwei Grashof-Zahlen und eine Prandtl-Zahl) werden gegeben für die Temperaturverteilung und für die Drehströmung, die nunmehr mit der freien und der erzwungenen Konvektion gekoppelt ist.

This paper is the second and concluding part of an investigation into the heat transfer to rotating laminar flows over fixed ground when the effects due to a combination of forced and free convections are included. The analytical methods that are employed are similarity transformations and subsequent integration of the ordinary differential system by continuously joining second and third order asymptotic approximations with forward numerical integrations that were obtained by perturbing the initial conditions for the solutions for forced convection alone. Numerical results for the thermal distribution and for the hydrodynamics that differ from that the forced convetive case due to coupling are tabulated for two Grashof numbers and a fixed Prandtl number.

Предлагаемая работа содержит в себе в качестве второго и последнего раздела исследование теплообмена, исследование ламинарного вращательного течения над твёрдым основанием и исследование действия вынужденной и свободной конвекции. Для решения системы дифференциальных уравнений в частных производных используются преобразования подобия и получающаяся система обыкновенных дифференциальных уравнений численно интегрируется. Второе и третье асимптотические решения постоянно сохраняются подходящими, в то время, как систематически изменяются только начальные условия вынужденной конвекции. Численные результаты приводятся в виде таблицы (для двух чисел Гразгофа и одного числа Прандтля) для распределения температуры и для вращательного течения, которое в этом случае звязано со свободной и вынужденной конвекцией.

In Part I [1], generalized similarity transformations for the classical BÖDEWADT hydrodynamical problem together with the added effects of forced and free convection were presented, and numerical values for initial conditions that permit forward integrations which include the previously predicted and partially substantiated oscillations in the velocity components were found. Further, it was shown that the similarity transformation for the temperature in the energy equation admits only a singulariy defined parabolic thermal distribution on the ground, and numerical values for the uncoupled case (i.e., the forced, without free, convection) and for a unitary PRANDTL number were tabulated.

In this announced sequel to the original paper, several additional cases will be treated: (a) two more numerical solutions for forced convection without buoyancy are sketched to show the effects of variation in the PRANDTL number, (b) the forms of the useful asymptotic expansions are indicated, and (c), most importantly, numerical solutions for the case when both forced and free convections play roles are tabulated with a fixed unitary PRANDTL number for two different values of the GRASHOF number for which bouyant effects are expected to be physically significant. Although many possible variations on the problem were studied as numerical examples, all of the delineated cases were selected as responses to interested researchers with specific and repeated inquiries for which the authors are duly appreciative.

It was assumed that asymptotic solutions for the dependent variables in Eqs. (6)—(12) in I could be found near infinity as small perturbations of a uniform thermal field and solid body rotation of the fluid; therefore, the asymptotic approximations are assumed to be the following expressions:

$$F(Z) = \varepsilon f_1(Z) + \varepsilon^2 f_2(Z) + \cdots \tag{1}$$

$$G(Z) = 1 + \varepsilon g_1(Z) + \varepsilon^2 g_2(Z) + \cdots \tag{2}$$

$$H(Z) = W_\infty + \varepsilon h_1(Z) + \varepsilon^2 h_2(Z) + \cdots \tag{3}$$

$$L(Z) = \tfrac{1}{2} + \varepsilon l_1(Z) + \varepsilon^2 l_2(Z) + \cdots \tag{4}$$

$$S(Z) = \varepsilon s_1(Z) + \varepsilon^2 s_2(Z) + \cdots \tag{5}$$

where Z is large and ε is an ordering parameter. In the above expansions all of the subscripted functions are required to vanish as Z approaches infinity. The substitution of the above expansions into Eqs. (6)–(10) of I produces a set of linear equations when terms of the first order in ε are retained; the derived set is

$$2f_1 + h_1' = 0 \tag{6}$$

$$f_1'' - W_\infty f_1' + 2g_1 = 2l_1 \tag{7}$$

$$g_1'' - W_\infty g_1' - 2f_1 = 0 \tag{8}$$

$$l_1' = \gamma s_1 \tag{9}$$

$$\frac{l}{\sigma} s_1'' - W_\infty s_1' = 0\,. \tag{10}$$

An integration of Eq. (10) gives

$$s_1 = c_1 + c_2 \exp(W_\infty \sigma Z), \tag{11}$$

where c_1 and c_2 are arbitrary constants. Since $W_\infty > 0$, c_1 and c_2 must vanish in order that $s_1(\infty) = 0$ which implies that $l_1'(Z) = 0$ and $l_1(Z) = 0$. Therefore the first order perturbations are exactly the same ones that were found by BÖDEWADT [1] in I, and the appropriate solutions are given by the first term in the asymptotic expansion for F in I and by the second terms in the asymptotic solutions for G and H in I. Incidentally, one should note that the factors $[1 + (\lambda^2 + \mu^2)]^2$ should have been corrected to read $[1 + (\lambda^2 + \mu^2)^2]$.

The corresponding set for the second order perturbations is given by

$$2f_2 + h_2' = 0 \tag{12}$$

$$f_2'' - W_\infty f_2' + 2g_2 = f_1^2 - g_1^2 + f_1'h_1 + 2l_2 \tag{13}$$

$$g_2'' - W_\infty g_2' - 2f_2 = 2f_1 g_1 + h_1 g_1' \tag{14}$$

$$l_2' = \gamma s_2 \tag{15}$$

$$\frac{l}{\sigma} s_2'' - W_\infty s_2' = -(f_1')^2 - (g_1')^2 . \tag{16}$$

If one uses $s_2(\infty) = 0$, the required solution of Eq. (16) is

$$s_2(Z) = \frac{\sigma[(A\lambda - B\mu)^2 + (B\lambda + A\mu)^2]}{2\lambda(W_\infty\sigma - 2\lambda)} \exp(2\lambda Z) \tag{17}$$

and an appropriate combination of Eqs. (13) and (14) shows that

$$f_2 = \left[\frac{\lambda(\lambda - 2W_\infty)(A^2 + B^2)}{2[1 + (\lambda^2 + \mu^2)^2]} + \frac{\gamma\sigma\mu^2[(A\lambda - B\mu)^2 + (B\lambda + A\mu)^2]}{2\lambda^2(3\lambda\mu + 2)(W_\infty\sigma - 2\lambda)}\right] \exp(2\lambda Z) . \tag{18}$$

The first term in this equation is the second order perturbation for the uncoupled case ($\gamma = 0$) that was treated in I, and the second term represents the effects of bouyancy or coupling. The second order approximation $g_2(Z)$ can be obtained by multiplying the bouyant term in Eq. (18) by $\mu/2\lambda$ and adding it to the BÖDEWADT approximation that was derived in I. Similarly, the second order approximation $h_2(Z)$ can be obtained by multiplying the bouyant term in Eq. (18) by $-(1/\lambda)$ and adding it to the corresponding BÖDEWADT approximation.

The third order approximation $s_3(Z)$ has the form

$$s_3(Z) = [c_3 \cos(3\mu Z) + c_4 \sin(3\mu Z)] \exp(3\lambda Z) , \tag{19}$$

where c_3 and c_4 are very complicated expressions that are omitted but that can be derived in a straightforward manner.

In an analogous manner, asymptotic expressions for the radially independent temperature function $Q(Z)$ were developed, and

$$q_2 = [c_5 + c_6 \cos(2\mu Z) + c_7 \sin(2\mu Z)] \exp(2\lambda Z) , \tag{20}$$

where

$$c_5 = \frac{\sigma}{\lambda(\sigma W_\infty - 2\lambda)}\left[\frac{(A\lambda - B\mu)^2 + (B\lambda + A\mu)^2}{\lambda(\sigma W_\infty - 2\lambda)} + 6B^2\right] + \frac{3}{W_\infty}\left[\frac{(A^2 - B^2)}{\lambda}\right] + \frac{6(A^2 - B^2)}{W_\infty[(\sigma W_\infty - 2\lambda)^2 + 4\mu^2]}\left[\frac{4\mu^2}{\sigma W_\infty - 2\lambda} + \sigma W_\infty - 2\lambda\right],$$

$$c_6 = \frac{3}{W_\infty}\left[\frac{1}{\lambda^2 + \mu^2}\right][(A^2 - B^2)\lambda + 2AB\mu] + \left[\frac{2}{(\sigma W_\infty - 2\lambda)^2 + 4\mu^2}\right][(A^2 - B^2)(\sigma W_\infty - 2\lambda) - 4AB\mu]$$

$$c_7 = \frac{3}{W_\infty}\left[\frac{1}{\lambda^2 + \mu^2}\right][(A^2 - B^2)\mu - 2AB\lambda] - \left[\frac{4}{(\sigma W_\infty - 2\lambda)^2 + 4\mu^2}\right][(\sigma W_\infty - 2\lambda)AB + (A^2 - B^2)\mu] .$$

The algebraic forms of c_5, c_6 and c_7 have been given so that a truly interested reader can check the method of derivation. It is to be noted that the first order approximation $q_1(Z)$ vanishes identically. These asymptotic solutions are particularly unusual in that they contain no arbitrary constant since the homogeneous parts of the solutions must vanish in order that the boundary conditions at infinity may be satisfied; the same situation occurred in I for the uncoupled case ($\gamma = 0$). The resulting particularization of the allowed thermal distributions on the ground to a specific parabolic one seems to be caused by the interaction of the inflows and the associated confinement of heat generated by viscous dissipation into a smaller and smaller volume as the flow proceeded inwardly toward the axis of rotation. In the uncoupled KÁRMÁN case where the flow is completely outward, one part of the homogeneous solution satisfies the conditions at infinity, and this fact permits an arbitrary parabolic distribution on a rotating disk.

Numerical examples for the coupled cases are produced by the following procedure. Eqs. (6)—(10) of I were numerically integrated by varying the solutions of I for $\gamma = 0$ with a slowly increasing γ. These numerical integrations were jointed at $Z = 8$ with the second order asymptotic approximations for F, G, and H. Since five of the eight initial values [$F'(0)$, $G'(0)$, $L(0)$, $S(0)$ and $S'(0)$] are to be determined, the previously obtained solutions when $\gamma = 0$ were then perturbed by slowly varying the initial conditions until a match was achieved at $Z = 12.5$

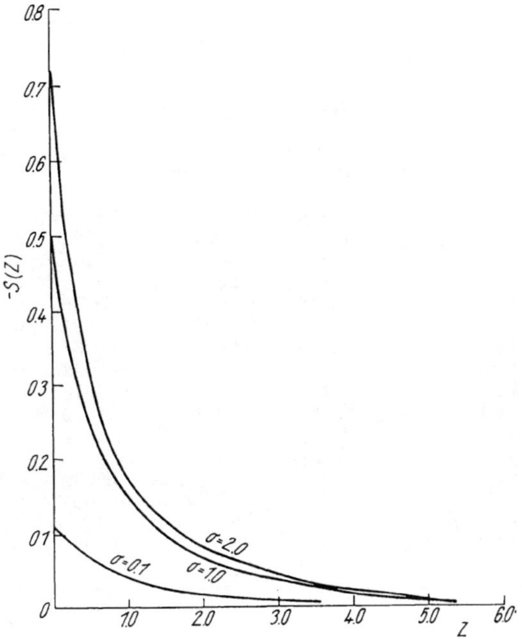

Figure 1. Variations in the Radial Temperature Function $S(Z)$ for Parametric Changes in the Prandtl Number

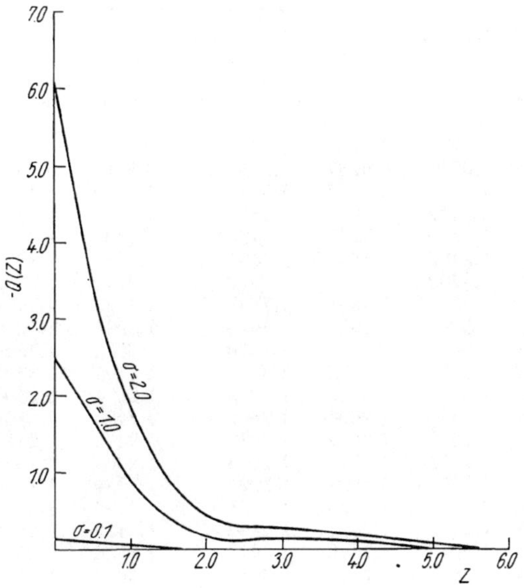

Figure 2. Variations in the Temperature Function $Q(Z)$ for Parametric Changes in the Prandtl Number

Table I. Values of Constants in the Mathematical Structures for Unitary Prandtl Number

	$F'(0)$	$G'(0)$	W_∞	A	B	λ	μ
$\gamma = 0$ (Bödewadt)	−0.941971	0.772885	1.3494	−0.2381	−1.0476	−0.4448	−0.8933
$\gamma = 0.01$	−0.947024	0.775266	1.3488	−0.2423	−1.0524	−0.4449	−0.8934
$\gamma = 0.05$	−0.967839	0.785175	1.3460	−0.2595	−1.0727	−0.4458	−0.8938
$\gamma = 0.1$	−0.995358	0.798523	1.3417	−0.2821	−1.1002	−0.4472	−0.8944

Table II. The Radial Velocity Function $F(Z)$ for Unitary Prandtl Number

Z	Bödewadt $\gamma = 0$	Numerical Solution $\gamma = 0.01$	Second Order Asymptotic Solution $\gamma = 0.01$	Numerical Solution $\gamma = 0.1$	Second Order Asymptotic Solution $\gamma = 0.1$
0.0	0.0	0.0	0.1703	0.0	0.2055
0.5	−0.3487	−0.3502	−0.2745	−0.3646	−0.2721
1.0	−0.4788	−0.4804	−0.4534	−0.4958	−0.4622
1.5	−0.4496	−0.4506	−0.4454	−0.4601	−0.4531
2.0	−0.3287	−0.3289	−0.3313	−0.3303	−0.3327
2.5	−0.1762	−0.1756	−0.1792	−0.1699	−0.1740
3.0	−0.0361	−0.0350	−0.0377	−0.0248	−0.0278
3.5	0.0663	0.0675	0.0661	0.0794	0.0777
4.0	0.1227	0.1238	0.1232	0.1348	0.1340
4.5	0.1371	0.1380	0.1378	0.1465	0.1463
5.0	0.1210	0.1216	0.1215	0.1270	0.1270
5.5	0.0878	0.0881	0.0881	0.0906	0.0906
6.0	0.0499	0.0500	0.0500	0.0502	0.0502
6.5	0.0162	0.0161	0.0161	0.0149	0.0149
7.0	−0.0084	−0.0086	−0.0086	−0.0103	−0.0103
7.5	−0.0223	−0.0225	−0.0225	−0.0242	−0.0242
8.0	−0.0268	−0.0269	−0.0269	−0.0282	−0.0282
8.5	−0.0243	−0.0244	−0.0244	−0.0251	−0.0251
9.0	−0.0179	−0.0179	−0.0179	−0.0181	−0.0181
9.5	−0.0102	−0.0102	−0.0102	−0.0101	−0.0101
10.0	−0.0033	−0.0032	−0.0032	−0.0029	−0.0029
10.5	0.0018	0.0019	0.0019	0.0023	0.0023
11.0	0.0047	0.0048	0.0048	0.0051	0.0051
11.5	0.0057	0.0057	0.0057	0.0060	0.0060
12.0	0.0052	0.0052	0.0052	0.0053	0.0053
12.5	0.0038	0.0038	0.0038	0.0039	0.0039
∞	0.0	0.0	0.0	0.0	0.0

Table III. The Rotational Velocity Function $G(Z)$ for Unitary Prandtl HNumber

Z	Bödewadt $\gamma = 0$	Numerical Solution $\gamma = 0.01$	Second Order Asymptotic Solution $\gamma = 0.01$	Numerical Solution $\gamma = 0.1$	Second Order Asymptotic Solution $\gamma = 0.1$
0.0	0.0	0.0	−0.1055	0.0	−0.1287
0.5	0.3834	0.3846	0.2899	0.3960	0.2861
1.0	0.7354	0.7375	0.6764	0.7582	0.6887
1.5	1.0134	1.0160	0.9836	1.0417	1.0052
2.0	1.1924	1.1950	1.1809	1.2208	1.2052
2.5	1.2721	1.2744	1.2699	1.2963	1.2915
3.0	1.2714	1.2730	1.2727	1.2888	1.2886
3.5	1.2182	1.2192	1.2201	1.2282	1.2294
4.0	1.1413	1.1416	1.1426	1.1449	1.1460
4.5	1.0640	1.0639	1.0646	1.0630	1.0637
5.0	1.0016	1.0013	1.0016	0.9980	0.9984
5.5	0.9611	0.9607	0.9609	0.9567	0.9569
6.0	0.9427	0.9423	0.9424	0.9388	0.9388
6.5	0.9421	0.9418	0.9418	0.9393	0.9393
7.0	0.9530	0.9529	0.9529	0.9516	0.9516
7.5	0.9693	0.9692	0.9692	0.9690	0.9690
8.0	0.9857	0.9857	0.9857	0.9862	0.9862
8.5	0.9990	0.9991	0.9991	1.0000	1.0000
9.0	1.0078	1.0079	1.0079	1.0088	1.0088
9.5	1.0118	1.0119	1.0119	1.0126	1.0126
10.0	1.0121	1.0122	1.0122	1.0126	1.0126
10.5	1.0099	1.0099	1.0099	1.0101	1.0101
11.0	1.0065	1.0065	1.0065	1.0065	1.0065
11.5	1.0031	1.0031	1.0031	1.0029	1.0029
12.0	1.0003	1.0003	1.0003	1.0001	1.0001
12.5	0.9984	0.9984	0.9984	0.9982	0.9982
∞	1.0	1.0	1.0	1.0	1.0

Table IV. The Vertical Velocity Function $H(Z)$ for Unitary PRANDTL Number

Z	BÖDEWADT $\gamma = 0$	Numerical Solution $\gamma = 0.01$	Second Order Asymptotic Solution $\gamma = 0.01$	Numerical Solution $\gamma = 0.1$	Second Order Asymptotic Solution $\gamma = 0.1$
0.0	0.0	0.0	0.1718	0.0	0.2115
0.5	0.1944	0.1953	0.2489	0.2040	0.2721
1.0	0.6241	0.6267	0.6319	0.6511	0.6596
1.5	1.0987	1.1027	1.0934	1.1399	1.1300
2.0	1.4929	1.4974	1.4875	1.5401	1.5289
2.5	1.7459	1.7502	1.7436	1.7906	1.7830
3.0	1.8496	1.8531	1.8497	1.8853	1.8813
3.5	1.8308	1.8331	1.8317	1.8540	1.8523
4.0	1.7325	1.7336	1.7332	1.7429	1.7424
4.5	1.5995	1.5996	1.5996	1.5991	1.5990
5.0	1.4685	1.4679	1.4679	1.4603	1.4604
5.5	1.3632	1.3622	1.3622	1.3507	1.3507
6.0	1.2944	1.2932	1.2932	1.2804	1.2804
6.5	1.2620	1.2608	1.2608	1.2485	1.2486
7.0	1.2589	1.2579	1.2579	1.2472	1.2472
7.5	1.2751	1.2743	1.2743	1.2654	1.2654
8.0	1.3004	1.2997	1.2997	1.2924	1.2924
8.5	1.3264	1.3258	1.3258	1.3195	1.3195
9.0	1.3476	1.3472	1.3472	1.3413	1.3413
9.5	1.3617	1.3612	1.3612	1.3554	1.3554
10.0	1.3683	1.3678	1.3678	1.3618	1.3618
10.5	1.3689	1.3683	1.3683	1.3619	1.3619
11.0	1.3654	1.3648	1.3648	1.3580	1.3580
11.5	1.3601	1.3594	1.3594	1.3523	1.3523
12.0	1.3545	1.3539	1.3539	1.3466	1.3465
12.5	1.3500	1.3494	1.3493	1.3419	1.3419
∞	1.3494	1.3488	1.3488	1.3417	1.3417

Table V. The Radial Pressure Function $L(Z)$ for Unitary PRANDTL Number

Z	BÖDEWADT $\gamma = 0$	Numerical Solution $\gamma = 0.01$	Second Order Asymptotic Solution $\gamma = 0.01$	Numerical Solution $\gamma = 0.1$	Second Order Asymptotic Solution $\gamma = 0.1$
0.0	0.5	0.5048	0.5046	0.5507	0.5476
0.5		0.5030	0.5030	0.5322	0.5312
1.0		0.5021	0.5021	0.5221	0.5222
1.5		0.5014	0.5015	0.5156	0.5160
2.0		0.5010	0.5010	0.5110	0.5113
2.5		0.5007	0.5007	0.0576	0.5078
3.0		0.5005	0.5005	0.5051	0.5052
3.5		0.5003	0.5003	0.5034	0.5034
4.0		0.5002	0.5002	0.5022	0.5022
4.5		0.5001	0.5001	0.5014	0.5014
5.0		0.5001	0.5001	0.5009	0.5009
5.5		0.5001	0.5000	0.5005	0.5005
6.0		0.5000	0.5000	0.5003	0.5003
6.5				0.5002	0.5002
7.0				0.5001	0.5001
7.5				0.5001	0.5001
8.0				0.5001	0.5001
8.5				0.5000	0.5000

Table VI. The Radial Temperature Function $S(Z)$ for Unitary PRANDTL Number

Z	BÖDEWADT $\gamma = 0$	Numerical Solution $\gamma = 0.01$	Third Order Asymptotic Solution $\gamma = 0.01$	Numerical Solution $\gamma = 0.1$	Third Order Asymptotic Solution $\gamma = 0.1$
0.0	−0.5000	−0.5019	−0.4450	−0.5202	−0.4616
0.5	−0.2509	−0.2517	−0.2282	−0.2602	−0.2310
1.0	−0.1496	−0.1503	−0.1412	−0.1573	−0.1444
1.5	−0.1012	−0.1018	−0.1008	−0.1085	−0.1061
2.0	−0.0725	−0.0731	−0.0755	−0.0790	−0.0813
2.5	−0.0526	−0.0530	−0.0557	−0.0579	−0.0609
3.0	−0.0375	−0.0379	−0.0397	−0.0415	−0.0436
3.5	−0.0260	−0.0263	−0.0271	−0.0289	−0.0298
4.0	−0.0175	−0.0177	−0.0179	−0.0194	−0.0197
4.5	−0.0114	−0.0116	−0.0115	−0.0126	−0.0126
5.0	−0.0073	−0.0074	−0.0073	−0.0080	−0.0079
5.5	−0.0046	−0.0047	−0.0046	−0.0050	−0.0050
6.0	−0.0029	−0.0029	−0.0029	−0.0031	−0.0031
6.5	−0.0018	−0.0018	−0.0018	−0.0020	−0.0019
7.0	−0.0011	−0.0011	−0.0011	−0.0012	−0.0012
7.5	−0.0007	−0.0007	−0.0007	−0.0008	−0.0008
8.0	−0.0005	−0.0005	−0.0005	−0.0005	−0.0005
8.5	−0.0003	−0.0003	−0.0003	−0.0003	−0.0003
9.0	−0.0002	−0.0002	−0.0002	−0.0002	−0.0002
9.5	−0.0001	−0.0001	−0.0001	−0.0001	−0.0001
10.0	−0.0001	−0.0001	−0.0001	−0.0001	−0.0001
10.5	−0.0001	−0.0001	−0.0001	−0.0001	−0.0001
11.0	0.0000	0.0000	0.0000	0.0000	0.0000

with the second order asymptotic approximations [$s_3(Z)$ was also included] for F, G, L, S and S'. The integration step that was employed in the coupled case was $\Delta Z = 0.05$ whereas in I $\Delta Z = 0.005$ was used, and the same ROSSER scheme as in I was used for the numerical integration. One notes in the tabulated results for $\gamma = 0.1$ and $\gamma = 0.01$ that the forward integration and the asymptotic approximations are joined in the interval $4.5 \leqq Z \leqq 12.5$ to four significant digits.

The tables disclose that the bouyancy does enhance the rotation and shear near the plate which is a result of considerable geophysical interest although the effects are disappointingly small, whenever $\gamma < 10^{-5}$. There is a surprising conclusion: In the cases of small γ that were studied, the inclusion of bouyancy reduced the net upward flow (W_∞) although the radial outward flow was increased.

Additionally, the effects of variation in the PRANDTL number were examined for the uncoupled case ($\gamma = 0$), and the results are shown in Figs. (1) and (2). These numerical integrations become very sensitive to the initial conditions, when $\sigma > 1$, and they were terminated when σ reached 2 because of the increasingly large amount of machine computations.

Reference

1 MILLSAPS, K. and NYDAHL, J., Heat Transfer in a Laminar Cyclone I, ZAMM, **53**, 241 – 246 (1973).

Eingereicht am 10. 10. 1975

Anschriften: KNOX MILLSAPS, University of Florida, Gainesville, Florida, U.S.A. 32611, J. E. NYDAHL, University of Wyoming, Laramie, Wyoming, U.S.A. 82071, USA.

ZAMM 58, 155 – 161 (1978)

Lennart Råde

Standby Redundant Systems in Random Environment

Untersucht werden Zuverlässigkeitssysteme mit ein oder zwei doublierten Elementen. Die Systeme befinden sich in einem zufälligen Medium, das gemäß einem Erneuerungsprozeß Schocks erzeugt. Diese Schocks verursachen mit einer gewissen Wahrscheinlichkeit den Ausfall eines Elements. Ausgefallene Elemente werden sofort repariert, die Reparaturzeiten sind exponentiell verteilt. Besondere Berücksichtigung finden Systeme mit kalter und warmer Reserve. Numerische Untersuchungen über den Effekt von Doublierung und Reparatur werden für den Fall durchgeführt, daß die Schocks gemäß einem Poissonprozeß erzeugt werden.

Reliability systems with one or two redundant standby components are studied. The systems are situated in a random environment which generates shocks according to a renewal point process. The shocks will cause a component to fail with a certain probability. Failed components are immediately repaired and the repair times are exponentially distributed. Special consideration is given to systems with cold and with warm standby components. Numerical studies are made of the effect of standby and of repair when shocks are generated by a Poisson process.

Рассматриваются системы с одним или двумя дублированными элементами. Системы находятся в случайной среде, в результате которого в случайные моменты времени, образующие процесс восстановления, система подвергается воздействиям. В результате такого воздействия функционирующий элемент может выйти из строя с определённой вероятностью. После отказа элементы ремонтируются. Время восстановления распределенно но экспоненциальному закону. Особое внимание уделяется системам с ненагружённым и облегчённым резервом. Показывается вычислительными методаем еффективность резервирования и восстановления в случае когда воздействия приступают в случайныс моменты времени, образующие Пуассоновский процесс.

1. Introduction

In this paper we will derive the probability distributions of time until failure for some reliability systems with redundant components. The situations which are treated are such that there is a certain interplay between the components of the system and its environment. The latter generates shocks and these will cause the components to fail with a certain probability.

As an introduction we will first consider a system with two hot standby components with no repair and a system with one cold standby component with repair. A standby component is called *hot* when it fails because of a shock with the same probability as the on-line component and it is called *cold* when the shocks do not influence it at all. Failure of different components are assumed to be independent.

We will derive Laplace-Stieltjes transforms with the aid of the additional event method combined with flow graphs. This method is described in Råde [3]–[6]. The *additional event method* is another name for the *method of collective marks*, which was first described for the discrete case by van Dantzig [7] and was used by Runnenburg [2] to solve queuing problems. The essential feature of this method is to interprete Laplace-Stieltjes transforms as probabilities which can be found by the total probability formula. This is accomplished by adding to the studied situation the possibility for additional events (a.e.), which are generated by a Poisson process with intensity s.

The following is a very simple example on the use of the additional event method in reliability theory. Suppose a component is subject to shocks, which are generated by a renewal point process with interarrival distribution F, and suppose that a shock will cause the component to fail with probability $p = 1 - q$. Let F_1 be the distribution function of the length of life of the component. Then

$$\hat{F}_1(s) = \int_0^\infty e^{-st}\, dF_1(t) = \mathsf{P}\ \text{(no a.e. until failure)}$$

and $\hat{F}(s)$ is the probability for no a.e. between two successive shocks. Then according to the total probability formula

$$\hat{F}_1(s) = \hat{F}(s)\, q\hat{F}_1(s) + \hat{F}(s)\, p\,,$$

which gives

$$\hat{F}_1(s) = \frac{p\hat{F}(s)}{1 - q\hat{F}(s)}\,.$$

Here we *combine the additional event method with the use of flow graphs*. How this is done is explained in the first example below.

2. Systems with two hot standby components and no repair

A reliability system consists of one *on-line component* and *two standby components*. The system is *subject to shocks*, which are *generated by a renewal point process*, the *interarrival distribution* of which has distribution function F. When a shock occurs each component fails with probability $p = 1 - q$. Let ξ_1 be the length of time until failure of the system, that is the length of time from start until all three components have failed. By F_1 we denote the distribution function of ξ_1. We add to the situation the *possibility for additional events* (a.e.) and we assume that these are generated by a POISSON process with intensity s. The LAPLACE-STIELTJES transform $\widehat{F}_1(s) = \int_0^\infty e^{-st}\, dF_1(t)$ is then the probability that no additional event takes place during ξ_1,

$$\widehat{F}_1(s) = \mathsf{P}\ (\text{no a.e. during } \xi_1)\ .$$

Note that $\widehat{F}(s) = \int_0^\infty e^{-st}\, dF(t)$ is the *probability for no additional event between two successive shocks.*

The different possibilities for the system to go from start until failure of all three components are shown in the flow graph in figure 1. The states labelled "S" indicate that a shock has occurred and states 1 and 2 mean that one or two components are functioning after the shock. The transition probabilities in the flow graph include the condition that no additional event takes place. The probabilities L_i are the probabilities for the system to go from the corresponding state to the end state with no additional event taking place.

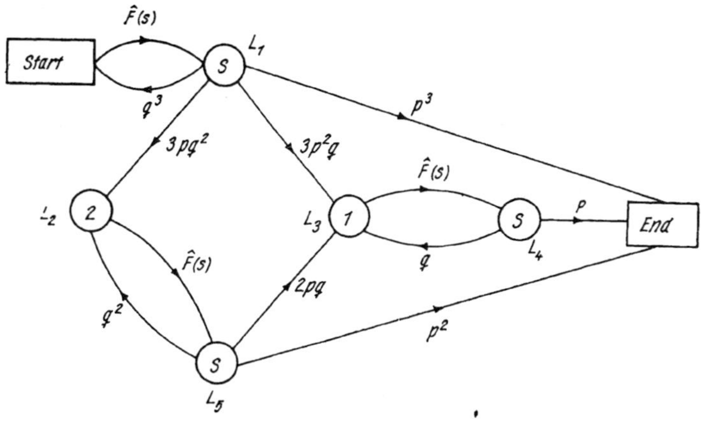

Fig. 1. Flow graph for system with two hot standby components and no repair

The transform $\widehat{F}_1(s)$ of time until failure is then the probability that the system goes from start to the end state along one of the possible ways indicated by the graph. The flow graph displayed is the subgraph of a larger graph also showing the possibilities with a.e. taking place. The probability $\widehat{F}_1(s)$ can be obtained by reduction of the graph (removal of the loops) or from a linear system of equations. We use the latter method in this paper. Thus from the total probability formula we obtain

$$\begin{aligned} &\widehat{F}_1(s) = \widehat{F}(s)\, L_1\,, \qquad L_1 = q^3\widehat{F}_1(s) + 3pq^2L_2 + 3p^2qL_3 + p^3\,, \\ &L_2 = \widehat{F}(s)\, L_5\,, \qquad L_3 = \widehat{F}(s)\, L_4\,, \qquad L_4 = qL_3 + p\,, \qquad L_5 = q^2L_2 + 2pqL_3 + p^2\,. \end{aligned} \tag{1}$$

This gives

$$\widehat{F}_1(s) = \frac{p^3\widehat{F}(s)\,\left(1 + 2q\widehat{F}(s) + 2q^2\widehat{F}(s) + q^3\widehat{F}(s)^2\right)}{\left(1 - q\widehat{F}(s)\right)\left(1 - q^2\widehat{F}(s)\right)\left(1 - q^3\widehat{F}(s)\right)}\,. \tag{2}$$

This formula can also be derived with the aid of MASON's formula, see HENLEY-WILLIAMS [1].

The formula (2) may also be written

$$1 - \widehat{F}_1(s) = \left(1 - \widehat{F}(s)\right) \cdot \frac{1 + 2q(1 - 2q)\,\widehat{F}(s) + q^3(1 - 3q + 3q^2)\,\widehat{F}(s)^2}{\left(1 - q\widehat{F}(s)\right)\left(1 - q^2\widehat{F}(s)\right)\left(1 - q^3\widehat{F}(s)\right)}\,. \tag{3}$$

Let $a = \lim_{s\to 0} \left(1 - \widehat{F}(s)\right)/s$ be the *expected interarrival time between succesive shocks.* Then from (3)

$$\mathsf{E}[\xi_1] = a \cdot \frac{1 + 4q + 3q^2 + 3q^3}{(1 + q)\,(1 - q^3)}\,. \tag{4}$$

The transform (2) can also be written

$$\widehat{F}_1(s) = \frac{3p\widehat{F}(s)}{1 - q\widehat{F}(s)} - \frac{3(1 - q^2)\,\widehat{F}(s)}{1 - q^2\widehat{F}(s)} + \frac{(1 - q^3)\,\widehat{F}(s)}{1 - q^3\widehat{F}(s)}\,. \tag{5}$$

In the special case when $\widehat{F}(s) = \lambda/(s + \lambda)$, that is when the shocks are generated by a POISSON process with intensity λ, the expression (5) can be used for inversion of the transform $\widehat{F}_1$. This gives the following *survival function* $G(t) = \mathsf{P}(\xi_1 > t)$.

$$G(t) = 3e^{-p\lambda t} - 3e^{-(1-q^2)\lambda t} + e^{-\lambda(1-q^3)t}\,.$$

The results above can be generalized to a system with n hot standby components, see RÅDE [5].

3. Systems with one cold standby component and repair

We will now consider a system of a *on-line component with one cold standby component placed in a random environment* as in the previous section. *The shocks will cause the on-line component to fail with probability p but will not affect the standby component. As soon as a component fails it is repaired* and the *repair time has an exponential distribution with parameter μ.* We denote by ξ_2 the *time until failure* of the system. The transform $\widehat{F}_2(s) = \mathsf{E}[e^{-s\xi_2}]$ can then be obtained from the flow graph in figure 2.

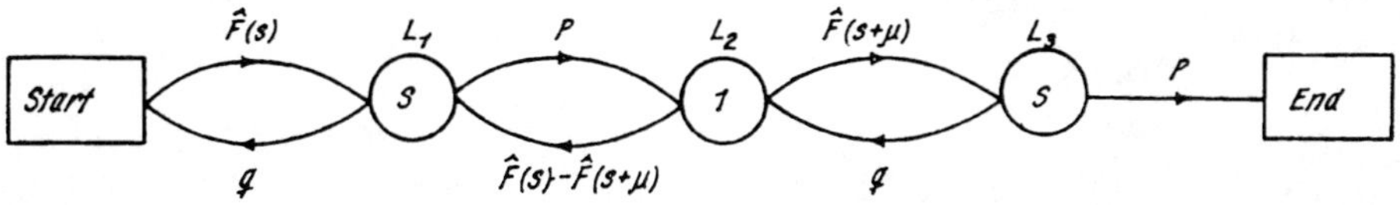

Fig. 2. Flow graph for system with one cold standby component and repair

As before "S" indicates a state when a shock has occurred and 1 that only one component is functioning after the shock has occurred. In the latter case a repair will start immediately. When the next shock occurs the *probability that the repair is not finished and that no a.e. has occurred* is

$$\int_0^\infty e^{-st}\, e^{-\mu t}\, dF(t) = \widehat{F}(s+\mu)$$

and the *probability that the repair is finished with no a.e.* taking place is given by

$$\int_0^\infty e^{-st}\,(1-e^{-\mu t})\, dF(t) = \widehat{F}(s) - F(s+\mu)\,.$$

With the notation used in the flow graph we obtain

$$\widehat{F}_2(s) = \widehat{F}(s)\, L_1\,, \quad L_1 = q\widehat{F}_2(s) + pL_2\,, \quad L_2 = [\widehat{F}(s) - \widehat{F}(s+\mu)]\, L_1 + \widehat{F}(s+\mu)\, L_3\,, \quad L_3 = qL_2 + p\,. \tag{7}$$

This gives

$$\widehat{F}_2(s) = \frac{p^2\widehat{F}(s)\,\widehat{F}(s+\mu)}{1-\widehat{F}(s)-(1-2p)\,\widehat{F}(s+\mu)+q^2\widehat{F}(s)\,\widehat{F}(s+\mu)} \tag{8}$$

or

$$1-\widehat{F}_2(s) = \big(1-\widehat{F}(s)\big)\cdot\frac{1+(1-2q)\,\widehat{F}(s+\mu)}{1-\widehat{F}(s)+(1-2q)\,\widehat{F}(s+\mu)+q^2\widehat{F}(s)\,\widehat{F}(s+\mu)}\,.$$

We now easily obtain the expectation

$$\mathsf{E}[\xi_2] = a\cdot\frac{1+(1-2q)\,F(\mu)}{p^2\widehat{F}(\mu)}\,. \tag{9}$$

For $\mu = 0$ we get the case with *no repair*. In this case (8) reduces to

$$\widehat{F}_2(s) = \left(\frac{p\widehat{F}(s)}{1-q\widehat{F}(s)}\right)^2$$

which is an obvious result, because in this case the time until failure is the sum of two independent random variables with LAPLACE-STIELTJES-transform $p\widehat{F}(s)/\big(1-q\widehat{F}(s)\big)$.

In the special case $\widehat{F}(s) = \lambda/(s+\lambda)$ the transform (8) is given by

$$\widehat{F}_2(s) = \frac{p^2\lambda^2}{s^2+(\mu+2\lambda p)\, s + p^2\lambda^2}\,. \tag{10}$$

It follows by inversion that

$$F_2'(t) = \frac{p^2\lambda^2}{\beta-\alpha}\,(e^{-\alpha t}-e^{-\beta t}) \tag{11}$$

with

$$\alpha, \beta = \tfrac{1}{2}\,[\mu + 2\lambda p \pm (\mu^2 + 4\lambda\mu p)^{1/2}]\,.$$

From (9) or from (11) we obtain with $\varrho = \lambda/\mu$

$$\mathsf{E}[\xi_2] = \frac{1}{\lambda}\cdot\frac{1+2p\varrho}{p^2\varrho}\,. \tag{12}$$

4. Systems with one standby component

We will now generalize the system studied in section 3 by assuming that a *shock will cause the standby component to fail with probability* p_1. For $p_1 = 0$ the standby component is *cold* and for $p_1 = p$ it is *hot*. The Laplace-Stieltjes transform $\widehat{F}_3(s) = \mathsf{E}[e^{-s\xi_3}]$, where ξ_3 is the *time until failure* of the system, is obtained with the usual technique from the flow graph in figure 3, where $q_1 = 1 - p_1$.

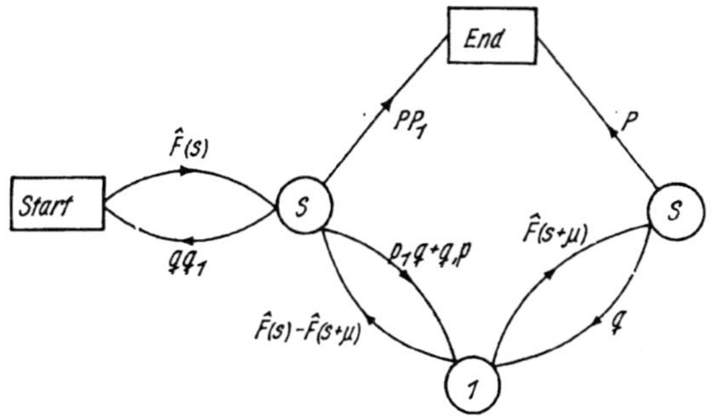

Fig. 3. Flow graph for system with one standby component and repair

From the flow graph we obtain

$$\widehat{F}_3(s) = \frac{p\widehat{F}(s)\,(p_1 + pq_1\widehat{F}(s+\mu))}{1 - (q + q_1p)\,\widehat{F}(s) - q_1(2q-1)\,\widehat{F}(s+\mu) + q^2q_1\widehat{F}(s)\,\widehat{F}(s+\mu)}. \tag{13}$$

This gives the *expected time until failure*

$$\mathsf{E}[\xi_3] = a \cdot \frac{1 + q_1(1-2q)\,\widehat{F}(\mu)}{p(p_1 + pq_1\widehat{F}(\mu))}. \tag{14}$$

For the special case $\widehat{F}(s) = \lambda/(\lambda + s)$ this may be written with $\varrho = \lambda/\mu$

$$\mathsf{E}[\xi_3] = \frac{1 + \varrho(1 + q_1 - 2qq_1)}{\lambda p(p_1 + \varrho(1 - qq_1))}. \tag{15}$$

We will now treat two special cases in more detail. First we put $p_1 = 0$, $q_1 = 1$, which means that the *standby component is cold*. This is the case studied in section 3. For a single component in the same random environment the expected time until failure is easily shown to be $1/(\lambda p)$. Thus $\lambda p\mathsf{E}[\xi_3] = (1 + 2p\varrho)/p\varrho$ is a factor showing how much the expected time until failure is increased by the standby component and by the repair. Table 1 gives numerical values of this factor for some values of p and ϱ.

Table 1. Effect of repair and standby for system with one cold standby unit

ϱ	p = 0.01	0.02	0.04	0.08	0.15	0.20
0.1	1002	502	252	127	68.7	52.0
0.5	202	102	52.0	27.0	15.3	12.0
1.0	102	52.0	27.0	14.5	8.7	7.0
2.0	52.0	27.0	14.5	8.3	5.3	4.5

For the case with no repair ($\mu = 0$) the expected time until failure is $2/\lambda p$. Thus the effect of repair is given by the factor $\lambda p\mathsf{E}[\xi_3]/2 = (1 + 2p\varrho)/2p\varrho$, which is one half of the factor tabulated above.

We will also treat the case with a *hot standby component* subject to shocks from a Poisson process with intensity λ. For $p_1 = p$, $q_1 = q$ and $\widehat{F}(s) = \lambda/(s + \lambda)$ the transform (13) may be written

$$\widehat{F}_3(s) = \frac{p^2\lambda[s + \mu + \lambda(2-p)]}{s^2 + s[\lambda(3p - p^2) + \mu] + \mu p^2\lambda + \lambda^2p^2(2-p)}. \tag{16}$$

This transform is easily inverted and gives the *survival function*

$$G_3(t) = \frac{p^2\lambda}{\beta - \alpha}\left[\frac{\mu + \lambda(2-p) - \alpha}{\alpha}\,e^{-\alpha t} - \frac{\mu + \lambda(2-p) - \beta}{\beta}\,e^{-\beta t}\right] \tag{17}$$

with

$$\alpha, \beta = \tfrac{1}{2}\,[\lambda p(3-p) + \mu \pm (p^2q^2\lambda^2 + 6pq\mu\lambda + \mu^2)^{1/2}]\,.$$

From (17) or from (15) we obtain

$$\mathsf{E}[\xi_3] = \frac{1 + \varrho p(3-2p)}{\lambda p^2[1 + \varrho(2-p)]}. \tag{18}$$

Table 2. Effect of repair and standby for system with one hot standby unit

ϱ	p 0.01	0.02	0.04	0.08	0.15	0.20
0.1	83.7	41.8	21.1	10.7	5.9	4.5
0.5	50.9	25.9	13.4	7.1	4.2	3.3
1.0	34.4	17.8	9.4	5.3	3.3	2.7
2.0	21.3	11.3	6.3	3.8	2.6	2.2

As above $\lambda p\mathsf{E}[\xi_3]$ is the *quotient of the expected time until failure of the system and the expected time until failure of a single component in the same random environment.* Table 2 gives some numerical values of this factor.

For $\mu = 0$ we obtain the case with no repair. The *expected time until failure* is then according to (18) given by

$$\mathsf{E}[\xi_3] = \frac{3 - 2p}{\lambda p(2 - p)}. \tag{19}$$

The quotient of the expectations (18) *and* (19) *shows how much the expected time until failure is increased by introducing repair.* Numerical values of this factor are given in Table 3.

Table 3. Effect of repair for system with one hot standby unit

ϱ	p 0.01	0.02	0.04	0.08	0.15	0.20
0.1	55.9	28.0	15.8	7.2	4.0	3.1
0.5	34.0	17.3	9.0	4.8	2.9	2.3
1.0	24.1	11.9	6.3	3.6	2.3	1.9
2.0	14.2	7.6	4.3	2.6	1.8	1.5

It can also be of interest to *compare* the *expected time until failure for a system with cold and for a system with hot standby unit.* Table 4 gives numerical values of the quotient of the expectations given by (12) and (18).

Table 4. Comparison of expected time until failure for system with cold and hot standby unit

ϱ	p 0.01	0.02	0.04	0.08	0.15	0.20
0.1	12.0	12.0	11.9	11.9	11.6	11.6
0.5	4.0	3.9	3.9	3.8	3.6	3.6
1.0	3.0	2.9	2.9	2.9	2.7	2.6
2.0	2.4	2.4	2.3	2.2	2.0	2.0

5. Systems with two standby components

We will now consider a *system with two standby units* under the same general assumptions as in section 4. Thus *a standby component fails with probability* p_1 and the *on-line component fails with probability* p *when a shock occurs.* We denote the length of *time until failure* by ξ_4. The transform $\hat{F}_4(s) = \mathsf{E}[e^{-s\xi_4}]$ is then obtained from the flow graph in figure 4, where we have used the same notation as in previous flow graphs. It is assumed that *a failed component is immediately repaired.* The *transition probabilities in the flow graph* are easily derived by probabilistic arguments. For instance if one component is functioning and thus two components are under repair (state 1 in the flow graph), the probability that exactly one component has been repaired and no a.e. has occured, when the next

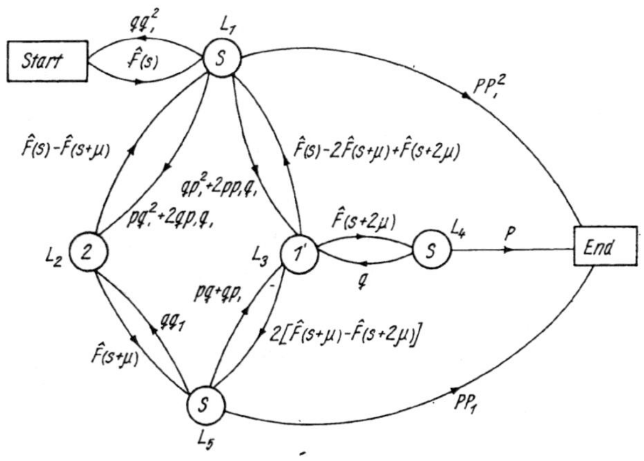

Fig. 4. Flow graph for system with two standby components and repair

shock is generated, is given by

$$\int_0^\infty e^{-st}\, 2e^{-\mu t}(1 - e^{-\mu t})\, dF(t) = 2[\hat{F}(s+\mu) - \hat{F}(s+2\mu)]\,.$$

From the flow graph we obtain the following linear system of equations.

$$\hat{F}_4(s) = \hat{F}(s)\, L_1\,,$$
$$L_1 = qq_1^2\hat{F}_4(s) + (pq_1^2 + 2qp_1q_1)L_2 + (qp_1^2 + 2pp_1q_1)\, L_3 + pp_1^2\,,$$
$$L_2 = [\hat{F}(s) - \hat{F}(s+\mu)]\, L_1 + \hat{F}(s+\mu)\, L_5\,,$$
$$L_3 = [\hat{F}(s) - 2\hat{F}(s+\mu) + \hat{F}(s+2\mu)]\, L_1 + \hat{F}(s+2\mu)\, L_4 + 2[\hat{F}(s+\mu) - \hat{F}(s+2\mu)]\, L_5\,,$$
$$L_4 = qL_3 + p\,, \qquad L_5 = qq_1L_2 + (pq_1 + qp_1)\, L_3 + pp_1\,.$$

The expression for $\hat{F}_4(s)$ derived from these equations is lenghty so we only give $\hat{F}_4(s)$ for two special cases.

First we consider the case with *two cold standby components*. Substitution of $p_1 = 0$, $q_1 = 1$ in the equations above and solution for $\hat{F}_4(s)$ gives an expression for $\hat{F}_4(s)$ which may be written

$$1 - \hat{F}_4(s) = (1 - \hat{F}(s)) \cdot \frac{T}{N} \tag{20}$$

where

$$T = 1 - \hat{F}(s+\mu) - (1-3p)\, \hat{F}(s+2\mu) + (p^3+q^3)\, \hat{F}(s+\mu)\, \hat{F}(s+2\mu)\,,$$
$$N = [1 - \hat{F}(s)]\, [1 - \hat{F}(s+\mu) - (1-3p)\, \hat{F}(s+2\mu) + q^3\hat{F}(s+\mu)\, \hat{F}(s+2\mu)] + p^3\hat{F}(s+\mu)\, \hat{F}(s+2\mu)\,.$$

The *expected time until failure* is then easily derived

$$\mathsf{E}[\xi_4] = a \cdot \frac{1 - \hat{F}(\mu) - (1-3p)\, \hat{F}(2\mu) + (3p^2 - 3p + 1)\, \hat{F}(\mu)\, \hat{F}(2\mu)}{p^3\hat{F}(\mu)\, \hat{F}(2\mu)}\,. \tag{21}$$

For the special case when the shocks are generated by a POISSON process with intensity λ $(\hat{F}(s) = \lambda/(s+\lambda))$ the expectation (21) may be written with $\varrho = \lambda/\mu$

$$\mathsf{E}[\xi_4] = \frac{2 + 3p\varrho + 3p^2\varrho^2}{\lambda p^3\varrho^2}\,. \tag{22}$$

Table 5 gives numerical values of $\lambda p\mathsf{E}[\xi_4]$, which factor shows the increase of expected time until failure due to standby and repair.

Table 5. Effect of repair and standby for system with two cold standby units

	p					
ϱ	0.01	0.02	0.04	0.08	0.15	0.20
0.1	$2.00 \cdot 10^6$	$5.02 \cdot 10^5$	$1.25 \cdot 10^5$	$3.16 \cdot 10^4$	9092	5153
0.5	$8.06 \cdot 10^4$	$2.03 \cdot 10^4$	5153	1328	398	233
1.0	$2.03 \cdot 10^4$	5153	1328	353	112	68.0
2.0	5153	1328	353	100	35.2	23.0

For the case $\mu = 0$, that is when no repair takes place, the expected time until failure is $3/(\lambda p)$. Thus the effect of repair can be measured by the factor $\lambda p\mathsf{E}[\xi_4]/3$, which is one third of the factor tabulated above in table 5.

We now turn to the case with *two hot standby components*. The solution of the equations with $p_1 = p$, $q_1 = q$ gives, after lengthy calculations, an expression for $\hat{F}_4(s)$, which can be written

$$1 - \hat{F}_4(s) = (1 - \hat{F}(s)) \cdot \frac{T}{N} \tag{23}$$

with

$$\begin{aligned} T = {} & 1 + q(3p^2 - 4p - 1)\, \hat{F}(s+\mu) - q(3p^2 - 8p + 2)\, \hat{F}(s+2\mu) - 4pq^2(3p^2 - 1)\, \hat{F}(s+\mu)^2 + \\ & + q^3(1 - 4p)\, (1 - 3p)\, \hat{F}(s+2\mu)^2 + q^2(21p^3 - 13p^2 - 4p + 2)\, \hat{F}(s+\mu)\, \hat{F}(s+2\mu) - \\ & - 4pq^4(3p^2 - 3p + 1)\, \hat{F}(s+\mu)^2\, \hat{F}(s+2\mu) - q^4(1 - 4p)\, (3p^2 - 3p + 1)\, \hat{F}(s+\mu)\, F(s+2\mu)^2\,, \end{aligned}$$

$$\begin{aligned} N = {} & 1 - q(p^2 + p + 1)\, \hat{F}(s) + q(3p^2 - 4p - 1)\, \hat{F}(s+\mu) - q(3p^2 - 8p + 2)\, \hat{F}(s+2\mu) + \\ & - 4pq^2(3p^2 - 1)\, \hat{F}(s+2\mu)^2 + q^3(1 - 4p)\, (1 - 3p)\, \hat{F}(s+2\mu)^2 + \\ & + q^2(4p^3 + 2p^2 + 5p + 1)\, \hat{F}(s)\, \hat{F}(s+\mu) - q^2(2p^3 + 3p^2 + 6p - 2)\, \hat{F}(s)\, \hat{F}(s+2\mu) + \\ & + q^2(21p^3 - 13p^2 - 4p + 2)\, \hat{F}(s+\mu)\, \hat{F}(s+2\mu) - 4pq^4(2p + 1)\, \hat{F}(s)\, F(s+\mu)^2 + \\ & + q^4(1 - 4p)\, (2p^2 + 2p - 1)\, \hat{F}(s)\, \hat{F}(s+2\mu)^2 - \\ & - q^4(1 - 4p)\, (3p^2 - 3p + 1)\, \hat{F}(s+\mu)\, \hat{F}(s+2\mu)^2 - 4pq^4\, (3p^2 - 3p + 1)\, \hat{F}(s+\mu)^2\, \hat{F}(s+2\mu) + \\ & + q^4(8p^3 + 15p^2 - 2)\, \hat{F}(s)\, \hat{F}(s+\mu)\, \hat{F}(s+2\mu) + \\ & + q^7(1 - 4p)\, \hat{F}(s)\, \hat{F}(s+\mu)\, \hat{F}(s+2\mu)^2 + 4pq^7\hat{F}(s)\, \hat{F}(s+\mu)^2\hat{F}(s+2\mu)\,. \end{aligned}$$

This gives the *expected time until failure.*

$$\mathsf{E}[\xi_4] = a \cdot T_1/N_1 \tag{24}$$

with

$$T_1 = 1 + q(3p^2 - 4p - 1)\,\widehat{F}(\mu) - q(3p^2 - 8p + 2) - 4pq^2(3p^2 - 1)\,\widehat{F}(\mu)^2 + q^3(1 - 4p)(1 - 3p)\,\widehat{F}(2\mu)^2 + q^2(21p^3 - 13p^2 - 4p + 2)\,\widehat{F}(\mu)\,\widehat{F}(2\mu) - 4pq^4(3p^2 - 3p + 1)\,\widehat{F}(\mu)^2\,\widehat{F}(2\mu) - q^4(1 - 4p)(3p^2 - 3p + 1)\,\widehat{F}(\mu)\,\widehat{F}(2\mu)^2\,,$$

$$N_1 = p^3[1 - 2q(2p - 1)\,\widehat{F}(\mu) + q(1 + 2p)\,\widehat{F}(2\mu) - 8pq^2\widehat{F}(\mu)^2 - 2q^3(1 - 4p)\,\widehat{F}(2\mu)^2 + q^2(8p^2 - p - 1)\,\widehat{F}(\mu)\,\widehat{F}(2\mu) - q^4(1 - 4p)\,\widehat{F}(\mu)\,\widehat{F}(2\mu)^2 - 4pq^4\widehat{F}(\mu)^2\widehat{F}(2\mu)]\,.$$

Table 6 gives numerical values of $\lambda p \mathsf{E}[\xi_4]$ for the special case $\widehat{F}(s) = \lambda/(\lambda + s)$. We have as before used the notation $\varrho = \lambda/\mu$.

Table 6. Effect of repair and standby for system with two hot standby units

	p					
ϱ	0.01	0.02	0.04	0.08	0.15	0.20
0.1	6801	1711	433	111	33.0	19.1
0.5	2564	657	173	47.6	16.0	10.0
1.0	1230	322	87.8	26.0	9.8	6.6
2.0	493	134	39.1	13.1	5.8	4.3

For $\mu = 0$ (no repair) the expectation (24) coincides with the expectation (4). Table 7 gives numerical values of the quotient of the *expectations with and without repair* when the systems are situated in the same POISSON environment.

Table 7. Effect of repair for system with two hot standby units

	p					
ϱ	0.01	0.02	0.04	0.08	0.15	0.20
0.1	3718	938	239	61.8	18.7	11.0
0.5	1402	360	95.1	26.5	9.0	5.8
1.0	673	176	48.3	14.5	5.5	3.8
2.0	270	73.2	21.5	7.3	3.3	2.4

We will finally *compare the systems with two cold and two hot standby units and repair in the same* POISSON *environment.* Table 8 gives numerical values of the ratio of the expectations (22) and (24).

Table 8. Comparison of expected time until failure for system with two cold or two hot standby units

	p					
ϱ	0.01	0.02	0.04	0.08	0.15	0.20
0.1	294	293	289	285	276	270
0.5	31.4	30.9	29.8	27.9	24.9	23.3
1.0	16.5	16.0	15.1	13.6	11.4	10.3
2.0	10.5	9.9	9.1	7.6	6.1	5.3

6. Acknowledgement

My thanks are due to NILS-GUNNAR PEHRSSON, who has calculated tables 6–8.

References

1 HENLEY, E. J.; WILLIAMS, R. A., Graph Theory in Modern Engineering, Academic Press, New York 1973.
2 RUNNENBERG, J. T., On the use of the method of collective marks in queuing theory; Proc. Sympos. Congestion Theory (editors: (W. L. SMITH and W. E. WILKINSON), The University of North Carolina Press, Chapel Hill 1965.
3 RÅDE, L., Thinning of Renewal Point Processes. Matematisk Statistik AB, Gothenburg, Sweden (1972).
4 RÅDE, L., Probability and flow graphs, Internat. J. Math. Educ. Sci. Technol. 4, 363–371 (1973).
5 RÅDE, L., Reliability and flow graphs, Microelectronics and Reliability 14, 447–450 (1976).
6 RÅDE, L., Reliability systems in random environment, in J. Appl. Probability 13, 407–410 (1976).
7 VAN DANTZIG, D., Sur la méthode des fonction génératrices, Colloques internat. CNRS 13, 29–45 (1948).

Eingereicht: 7. 10. 1976, revidierte Fassung: 29. 4. 1977

Anschrift: Dr. LENNART RÅDE, Chalmers Tekniska Högskola och Göteborgs Universitet, Matematiska institutionen, Fack, 402 20 Göteborg, Sverige

KLEINE MITTEILUNGEN

ZAMM 57, 163 (1977)

LUIS KRAMARZ

The Collocation Solution of Nonlinear Differential Equations by Spline Functions

A method is proposed in [3] to construct a spline of degree $m \geqq 3$, but in C^2, to approximate the solution y of the initial value problem

$$y''(x) = f(x, y), \qquad a \leqq x \leqq b, \tag{1}$$

$$y(a) = y_0, \qquad y'(a) = y'_0. \tag{2}$$

The purpose of this note is to point out that *this method is equivalent to the method of collocation with spline functions when the two endpoints of each subinterval are among the collocation points* [4], *and to improve and extend the error bounds given in* [3].

Let a sequence of partitions of $[a, b]$ be given by

$$\Delta_n: a = x_0 < x_1 < \dots < x_n = b,$$

and define

$$\Delta x_j = x_j - x_{j-1}, \ |\Delta_n| = \max_j \Delta x_j.$$

The spline s constructed in [3] satisfies (1) at $m - 1$ points $x_{k,i}$, $0 \leqq i \leqq m - 2$ in $[x_k, x_{k+1}]$, where

$$x_k = x_{k,0} < x_{k,1} < \dots < x_{k,m-2} = x_{k+1}, \qquad 0 \leqq k \leqq n - 1.$$

This is explicitly stated in equation (5) of [3] for the $m - 2$ points $x_{k,j}$, $1 \leqq j \leqq m - 2$. But since

$$s_k^{(i)}(x_k) = s_{k-1}^{(i)}(x_k), \qquad 0 \leqq i \leqq 2,$$

then

$$s''_k(x_k) = s''_{k-1}(x_k) = f(x_k, s_{k-1}(x_k)) = f(x_k, s_k(x_k)).$$

The problem considered in [4] is actually more general than (1), (2). In particular it is shown there that if f is sufficiently smooth, then

$$||(y - s)^{(i)}||_\infty \leqq C|\Delta_n|^{m-1}, \qquad 0 \leqq i \leqq 2, \tag{3}$$

where C is independent of n. For $i = 0$, this is in disagreement with the results of Theorem 2 of [3]. We have solved the problem

$$y''(x) = -y(x), \qquad 0 \leqq x \leqq 1, \tag{4}$$

$$y(0) = 0, \qquad y'(0) = 1 \tag{5}$$

numerically using this method with $m = 3$ and obtained the results shown in Table 1. The notation 0.80(−3) stands for 0.80×10^{-3} and the column next to each column of errors has the computed rates of convergence

$$\log (E(h_1)/E(h_2))/\log (h_1/h_2)$$

based on successive mesh sizes h_1 and h_2.

Table 1 Rates of convergence

Δx_j	$\|\|y - s\|\|_\infty$	$\|\|(y - s)'\|\|_\infty$	$\|\|(y - s)''\|\|_\infty$	$\|\|(y - s)'''\|\|_\infty$
1/4	0.80(−3)	0.22(−2)	0.54(−2)	0.10
1/8	0.20(−3) 2.02	0.55(−3) 1 99	0.14(−2) 1.94	0.52(−1) 0.97
1/16	0.49(−4) 2.00	0.14(−3) 2.00	0.36(−3) 1 98	0.26(−1) 0.99
1/32	0.12(−4) 2.00	0.34(−4) 2.00	0.90(−4) 1.99	0.13(−1) 0.99

Table 1 shows an agreement with inequality (3). The error for the third derivative is computed on $[0, 1] - \Delta_n$, and it agrees with the result

$$\max_{0 \leqq k \leqq n-1} \sup_{x_k < x < x_{k+1}} |(y - s)^{2+i}(x)| \leqq C |\Delta_n|^{m-1-i}, \qquad 1 \leqq i \leqq m - 2, \tag{6}$$

obtained in [2] for f sufficiently smooth and for partitions satisfying

$$\max_j \Delta x_j / \min_j \Delta x_j \leqq A, \text{ for some constant } A.$$

The rates of convergence can be improved if the points $x_{k,j}$, $1 \leqq j \leqq m - 3$ are chosen in special ways. Suppose

$$x_{k,j} = (x_k + x_{k+1} + r_j \Delta x_{k+1})/2, \qquad 0 \leqq j \leqq m - 2,$$

where $r_0 = -1$, $r_{m-2} = 1$ and

$$\int_{-1}^{1} q(u) \prod_{j=0}^{m-2} (u - r_j)\, du = 0 \tag{7}$$

for every polynomial q of degree $\leqq r$. Then [1, Thm. 4.1] shows that in particular,

$$\max_{0 \leqq k \leqq n} |(y - s)^{(i)}(x_k)| \leqq C |\Delta_n|^{m+r}, \qquad 0 \leqq i \leqq 1, \tag{8}$$

and

$$||(y - s)^{(i)}||_\infty \leqq C |\Delta_n|^{m-1+\min(r+1, 2-i)}, \qquad 0 \leqq i \leqq 2. \tag{9}$$

If m is even and the points r_j are equally spaced, i.e.,

$$r_j = -1 + jq, \qquad 0 \leqq j \leqq m - 2, \qquad q = 2/(m - 2),$$

then equation (7) is satisfied for $r = 0$, hence the rates improve somewhat, according to (8) and (9). In particular, then equation (9) agrees with Theorem 2 of [3] for $i = 0$, and improves it for $i = 1$.

If the r_j are the $m - 1$ LOBATTO points in $[-1, 1]$ then (7) is satisfied for $r = m - 4$, and even higher rates are obtained, especially at the mesh points. The LOBATTO points are in general irrational but if they are approximated to sufficient accuracy, the rates of (8) and (9) can be observed. As an illustration we have solved problem (4)—(5) with the four LOBATTO points ± 1, $(5 \pm \sqrt{5})/10$. The results are shown in Table 2.

Table 2. Improved rates of convergence

Δx_j	$\|\|y - s\|\|_\infty$	$\|\|(y - s)'\|\|_\infty$
1/2	0.18(−6)	0.17(−5)
1/4	0.32(−8) 5.84	0.54(−7) 4.93
1/8	0.52(−10) 5.94	0.18(−8) 4.90
1/16	0.82(−12) 5.97	0.58(−10) 4.98

Bibliography

1 DE BOOR, C. R.; SWARTZ, B., Collocation at GAUSSian points, SIAM J Numer. Analysis 10, 582–606 (1973).
2 KRAMARZ, L., Global approximations to solutions of initial value problems, to appear in Math. of Comp.
3 MICULA, GH., The numerical solution of nonlinear differential equations by deficient spline functions, ZAMM 55, T254–T255 (1975).
4 RUSSEL, R. D.; SHAMPINE, L. F., A collocation method for boundary value problems, Numer. Math. 19, 1–28 (1972).

Eingereicht am 15. 10. 1976, revidierte Fassung am 22. 3. 1977

Anschrift: Professor Dr. L. KRAMARZ, Dept. of Maths., Emory University, Atlanta, GA 30322, USA.

ZAMM 58, 163–165 (1978)

N. ORTNER

The Value of a Definite Integral

We compute the integral

$$\int_{||x||<1} e^{-\frac{\alpha}{1-||x||^2}}\, dx \quad (\alpha > 0)$$

where $||x|| = \sqrt{x_1^2 + \dots + x_n^2}$ is the norm of n-dimensional Euclidean space. The function $f(x) = Ce^{-\frac{1}{1-x^2}}$ for $|x| < 1$ and $f(x) = 0$ for $|x| \geqq 1$ is the standard example of a $C^\infty(\mathbb{R})$-function with compact support. In the theory of distributions it is often used in the normalized form with $C = \left[\int_{|x|<1} e^{-\frac{1}{1-x^2}} dx\right]^{-1}$ (so that the integral of f is one).

The calculations are performed in two ways:
1. directly by elementary methods;
2. using the so-called BATEMAN function.

The results of 1 *and* 2 *yield,* moreover, *special values of the confluent hypergeometric function and the* BATEMAN *function* which do not seem to appear in the standard reference works (e.g. [2] and [3]).

Introducing n-dimensional polar coordinates we obtain

$$\mathcal{I}(\alpha, n) = \omega_n \int_0^1 r^{n-1} e^{-\frac{\alpha}{1-r^2}} dr,$$

where $\omega_n = \dfrac{2\pi^{n/2}}{\Gamma\left(\frac{n}{2}\right)}$ is the area of the n-dimensional unit sphere.

The substitution $x = \dfrac{r^2}{1-r^2}$ yields

$$\mathcal{I}(\alpha, n) = \frac{\omega_n}{2} e^{-\alpha} \int_0^\infty x^{\frac{n}{2}-1} (x+1)^{-\frac{n}{2}-1} e^{-x\alpha} dx, \quad (1)$$

1. Case 1: n *odd.* For $n = 1$,

$$\mathcal{I}(\alpha, 1) = e^{-\alpha} \int_0^\infty x^{-\frac{1}{2}} (x+1)^{-\frac{3}{2}} e^{-\alpha x} dx.$$

By formula 312/8a, p. 57, of [1],

$$\int_0^\infty x^{-\frac{1}{2}} (x+\beta)^{-\frac{1}{2}} e^{-\alpha x} dx = e^{\frac{\alpha\beta}{2}} K_0\left(\frac{\alpha\beta}{2}\right) \quad (\alpha > 0,\ \beta > 0).$$

Differentiating with respect to β and using $K_0'(z) = -K_1(z)$, we find

$$-\frac{1}{2} \int_0^\infty x^{-\frac{1}{2}} (x+\beta)^{-\frac{3}{2}} e^{-\alpha x} dx = \frac{\alpha}{2} e^{\frac{\alpha\beta}{2}} \left[K_0\left(\frac{\alpha\beta}{2}\right) - K_1\left(\frac{\alpha\beta}{2}\right)\right].$$

Thus,

$$\mathcal{I}(\alpha, 1) = \alpha e^{-\frac{\alpha}{2}} \left[K_1\left(\frac{\alpha}{2}\right) - K_0\left(\frac{\alpha}{2}\right)\right]. \quad (2)$$

For $n = 2r + 1 (r \in \mathbb{N}$ obtain by partial integration and by the LEIBNIZ formula

$$\mathcal{I}(\alpha, 2r+1) = \frac{\omega_{2r+1}}{2} e^{-\alpha} \int_0^\infty x^{r-\frac{1}{2}} (x+1)^{-r-\frac{3}{2}} e^{-\alpha x} dx$$

$$= \frac{\omega_{2r+1} e^{-\alpha}}{2\binom{r+\frac{1}{2}}{r} r!} \int_0^\infty \left[\frac{\partial^r}{\partial x^r}\left(e^{-\alpha x} x^{r-\frac{1}{2}}\right)\right] (x+1)^{-\frac{3}{2}} dx$$

$$= \frac{\omega_{2r+1} e^{-\alpha}}{2\binom{r+\frac{1}{2}}{r} r!} \sum_{\nu=0}^{r} \binom{r}{\nu} \binom{r-\frac{1}{2}}{\nu} \nu! \alpha^{r-\nu} \frac{d^{r-\nu}}{d\alpha^{r-\nu}} \int_0^\infty x^{-\frac{1}{2}} \times$$

$$\times (x+1)^{-\frac{3}{2}} e^{-\alpha x} dx$$

$$= \frac{\omega_{2r+1} e^{-\alpha}}{2r!\binom{r+\frac{1}{2}}{r}} \sum_{\nu=0}^{r} \binom{r}{\nu} \binom{r-\frac{1}{2}}{\nu} \nu! \alpha^{r-\nu} \frac{d^{r-\nu}}{d\alpha^{r-\nu}} \times$$

$$\times \left[\alpha e^{\alpha/2} \left\{K_1\left(\frac{\alpha}{2}\right) - K_0\left(\frac{\alpha}{2}\right)\right\}\right]. \quad (3)$$

For $r = 1$

$$\mathcal{I}(\alpha, 3) = \frac{2\pi\alpha e^{-\frac{\alpha}{2}}}{3} \left[(2\alpha+1) K_1\left(\frac{\alpha}{2}\right) - (2\alpha+3) K_0\left(\frac{\alpha}{2}\right)\right], \quad (4)$$

where we have used $K_1'(z) = -\frac{1}{z} K_1(z) - K_0(z)$.

1. Case 2: n *even.* For $n = 2$,

$$\mathcal{I}(\alpha, 2) = \pi e^{-\alpha} \int_0^\infty (x+1)^{-2} e^{-\alpha x} dx$$

$$= \pi e^{-\alpha} \left[1 - \alpha \int_0^\infty (x+1)^{-1} e^{-\alpha x} dx\right].$$

$$\mathcal{I}(\alpha, 2) = \pi e^{-\alpha} [1 + \alpha e^{-\alpha} \operatorname{Ei}(-\alpha)], \quad (5)$$

where we have used formula 8. 212/5, p. 925, of [2].

For $n = 2r (r \in \mathbb{N})$,

$$\mathcal{I}(\alpha, 2r) = \frac{\omega_{2r}}{2} e^{-\alpha} \int_0^\infty x^{r-1} (x+1)^{-r-1} e^{-\alpha x} dx =$$

$$= \frac{\omega_{2r}}{2} e^{-\alpha} (-1)^{r-1} \frac{d^{r-1}}{d\alpha^{r-1}} \int_0^\infty (x+1)^{-r-1} e^{-\alpha x} dx.$$

Let $\mathcal{J}(r+1) := \int_0^\infty (x+1)^{-r-1} e^{-\alpha x} dx$. By partial integration it follows that

$$\mathcal{J}(r+1) = \frac{1}{r} (1 - \alpha \mathcal{J}(r)).$$

By induction,

$$\mathcal{J}(r+1) = p_{r-2}(\alpha) + \frac{(-\alpha)^{r-1}}{r!} \mathcal{J}(2)$$

(where p_{r-2} is a polynomial of degree $r-2$). Hence,

$$\mathcal{I}(\alpha, 2r) = \frac{\omega_{2r}}{2} e^{-\alpha} (-1)^{r-1} \frac{1}{r!} (-\alpha)^{r-1} \frac{d^{r-1}}{d\alpha^{r-1}} \mathcal{J}(2)$$

$$= \frac{\omega_{2r}}{2} e^{-\alpha} \frac{1}{r!} \frac{d^{r-1}}{d\alpha^{r-1}} [\alpha^{r-1} (1 + \alpha e^{-\alpha} \operatorname{Ei}(-\alpha)]. \quad (6)$$

2. The integral in formula (1) is equal to a confluent hypergeometric function multiplied by $\Gamma\left(\frac{n}{2}\right)$:

$$\int_0^\infty x^{\frac{n}{2}-1} (x+1)^{-\frac{n}{2}-1} e^{-\alpha x} dx = \Gamma\left(\frac{n}{2}\right) U\left(\frac{n}{2}, 0, \alpha\right)$$

(see formula 13.2.5, p. 505, of [3]).

For $n = 2r + 1$ $(r = 0, 1, 2, \ldots)$, we introduce the BATEMAN-function k_{-n} and obtain

$$U\left(r + \frac{1}{2}, 0, \alpha\right) = \Gamma\left(-r + \frac{1}{2}\right) e^{\alpha/2} k_{-2r-1}\left(\frac{\alpha}{2}\right) \quad (7)$$

(see formula 13.6.33, p. 510, in [3]). Thus,

$$\mathcal{I}(\alpha, r+1) = \frac{\omega_{2r+1}}{2} e^{-\alpha} \Gamma\left(r + \frac{1}{2}\right) U\left(r + \frac{1}{2}, 0, \alpha\right) \quad (8)$$

$$= \frac{\omega_{2r+1}}{2} e^{-\frac{\alpha}{2}} \Gamma\left(r + \frac{1}{2}\right) \Gamma\left(-r + \frac{1}{2}\right) k_{-2r-1}\left(\frac{\alpha}{2}\right). \quad (9)$$

For $r = 0$ it follows that

$$\mathcal{I}(\alpha, 1) = e^{-\frac{\alpha}{2}} \pi k_{-1}\left(\frac{\alpha}{2}\right) = \alpha e^{-\frac{\alpha}{2}} \left[K_1\left(\frac{\alpha}{2}\right) - K_0\left(\frac{\alpha}{2}\right)\right],$$

whence

$$k_{-1}\left(\frac{\alpha}{2}\right) = \frac{\alpha}{\pi} \left[K_1\left(\frac{\alpha}{2}\right) - K_0\left(\frac{\alpha}{2}\right)\right]$$

([4], p. 814; the + appearing there is an error).

For n even, we cannot apply formula 13.6.33, p. 510, of [3] to derive a relation of kind (7).

3. Using (3), (8) and (7) we immediately obtain

$$U\left(r+\frac{1}{2},0,z\right)$$

$$=\frac{1}{r!\binom{r+\frac{1}{2}}{r}\Gamma\left(r+\frac{1}{2}\right)}\sum_{\nu=0}^{r}\binom{r}{\nu}\binom{r-\frac{1}{2}}{\nu}\nu!\,z^{r-\nu}\times$$

$$\times\frac{d^{r-\nu}}{dz^{r-\nu}}\left[ze^{z/2}\left\{K_1\left(\frac{z}{2}\right)-K_0\left(\frac{z}{2}\right)\right\}\right]$$

and

$$k_{-2r-1}(z)=\frac{2(-1)^r}{\binom{r+\frac{1}{2}}{r}r!\,\pi}e^{-z}\sum_{\nu=0}^{r}\binom{r}{\nu}\binom{r-\frac{1}{2}}{\nu}\times$$

$$\times\nu!\,z^{r-\nu}\frac{d^{r-\nu}}{dz^{r-\nu}}\left[ze^z\left\{K_1(z)-K_0(z)\right\}\right].$$

References

1 Gröbner, W.; Hofreiter, N., Integraltafel, 2. Teil. Bestimmte Integrale, 4th edition, Springer Verlag, Vienna 1966.
2 Gradshteyn, I. S., Ryzhik, I. W., Table of Integrals, Series and Products, 4th edition, Academic Press, New York and London 1965. Sixth printing, 1972.
3 Abramowitz, M.; Stegun, I. A., Handbook of Mathematical functions, 5th edition, Dover Publ., Inc., New York.
4 Bateman, H., The k-function, a particular case of the confluent hypergeometric function, Trans. Amer Math. Soc. 33, 817–831 (1931).

Eingereicht: 22. 4. 1977

Anschrift: Dr. Norbert Ortner, Institut für Mathematik I, Universität Innsbruck, Technikerstr. 13, A 6020 Innsbruck, Österreich

ZAMM 58, 165–166 (1978)

M. K. Bedi

Duality for a Special Class of Quasi-Convex Programming Problems

The present paper deals with a special class of quasi-convex programming problems in which the constraints are linear and the objective function is a product of two functions where one function is a convex twice differentiable function while the other is a linear function which is assumed to be strictly positive over the set of feasible solutions. A dual to this programming problem is formulated. The principal tool employed in formulating the dual problem is to first reduce the primal quasi-convex programming problem to a convex programming problem by using Manaš' [1] transformation and then the results of Mangasarian [2] have been utilized. Some results exhibiting relationship between the primal and the dual are derived and thereby the duality theorems are established.

1. Introduction

Mathematically, the *primal quasi-convex programming problem* can be stated as

minimize $f(x) = c(x) \cdot h(x)$

subject to

$Ax \geqq b\,, \qquad x \geqq 0\,,$

where $c(x)$ is a convex and twice differentiable function of x and $h(x)$ is a linear function of the type $d'x_0 + d_0$ which is assumed to be positive over the constraint set $c_p = \{x \mid Ax \geqq b, x \geqq 0\}$.

This non-convex programming problem can be reduced to a convex problem with the help of a one-to one transformation introduced by Manaš [1] which is of the form

$z_0 = 1/h(x)\,, \qquad z = z_0 x\,.$

2. Dual problems and duality theorems

Consider the following problems:

Primal Problem:

minimize $f(x) = c(x) \cdot h(x)$

subject to $Ax \geqq b,\ x \geqq 0\,,$ (PP-I)

where A is an $m\times n$ matrix, b is an $m\times l$ vector and x is an $n\times l$ vector, $c(x)$ is a twice differentiable function of x and $h(x) = d'x + d_0$ is positive over the constraint set

$c = \{x \mid Ax \geqq b,\ x \geqq 0\}\,.$

Dual Problem:

maximize $g(y, z_0, w, t) = 2c(y)/z_0 + t$

subject to $c(y) = -z_0^2[w'(Ay - b) + th(y)]\,,$ (DP-II)

$\nabla c(y) = z_0^2[w'A + t\nabla h(y)]\,,$

$w \geqq 0\,,$

where y and w are $n\times l$ and $m\times l$ vectors, respectively, and t is a scalar.

Let c_D denote the constraint set given by

$$c_D = \left\{(y, z_0, w, t)\ \middle|\ \begin{array}{l} c(y) = -z_0^2\,[w'(Ay - b) + th(y)]\,,\\ \nabla c(y) = z_0^2\,[w'A + t\nabla h(y)]\,,\\ \hfill w \geqq 0 \end{array}\right\}.$$

The symbol $\nabla\varphi(y)$ denotes the gradient vector of $\varphi(y)$, i.e.

$$\nabla\varphi(y) = \left(\frac{\partial\varphi}{\partial y_1}, \frac{\partial\varphi}{\partial y_2}, \dots, \frac{\partial\varphi}{\partial y_n}\right).$$

We now state the following two theorems which are easy to prove and so we omit the proofs.

Theorem 2.1: *If x and (y, z_0, w, t) are feasible solutions for* (PP-I) *and* (DP-II), *respectively, then*

$f(x) \geqq g(y, z_0, w, t)$ *for all x, y, z and w.*

Theorem 2.2: *If $\hat{x}$ and $(\hat{y}, \hat{z}_0, \hat{w}, \hat{t})$ are feasible solutions of* (PP-I) *and* (DP-II), *respectively, such that*

$$c(\hat{x}) \cdot h(\hat{x}) = \frac{2c(\hat{y})}{\hat{z}_0} + \hat{t}$$

then $\hat{x}$ and $(\hat{y}, \hat{z}_0, \hat{w}, \hat{t})$ are the optimal solutions of (PP-I) *and* (DP-II), *respectively.*

Theorem 2.3: *The primal problem* (PP-I) *has an optimal solution iff the dual problem* (DP-II) *has an optimal solution. In either case their optimal values are equal.*

Proof: Using the transformation

$z_0 = 1/h(x)$ and $z_i = z_0 x_i,\ i = 1, 2, \dots, n\,,$

(PP-I) is equivalent to the following convex programming problem [1]:

$$\text{minimize } f(z, z_0) = \frac{c(z/z_0)}{z_0}$$

subject to

$Az - bz_0 \geqq 0\,, \quad d'z + d_0 z_0 = 1\,, \quad z \geqq 0, \quad z_0 \geqq 0\,.$ (PP-I)′

The problems (PP-I) and (PP-I)′ are equivalent; therefore, a solution $x = x^*$ of (PP-I) guarantees a solution $z^* = z_0^* x^*$, $z_0^* = 1/h(x^*)$ to problem (PP-I)′. (PP-I)′, being a convex program and z_0 being strictly positive, a dual to (PP-I)′ using Mangasarian's formulation [2] is the following problem:

maximize $G(z, z_0, w, t) =$

$$= \left[\frac{c(z/z_0)}{z_0} - w'(Az - bz_0) - t(d'z + d_0 z_0 - l)\right] \quad \text{(DP-II)}'$$

subject to

$\nabla_z G = [\nabla_z c(z/z_0)]/z_0 - w'A - td' = 0\,,$

$$\nabla_{z_0} G = \frac{-c(z/z_0)}{z_0^2} + \left[\frac{\nabla_{z_0} c(z/z_0)}{z_0}\right]\Big/ z_0 + w'b - td_0 = 0,\ w \geqq 0\,,$$

or equivalently —

maximize $G(z, z_0, w, t) =$

$$= \frac{1}{z_0}\left[c\left(\frac{z}{z_0}\right) - w'\left(\frac{Az}{z_0} - b\right)z_0^2 - t\left(\frac{d'z}{z_0} + d_0\right)z_0^2\right] + t$$

subject to

$$\frac{\nabla_z c(z/z_0)}{z_0} - w'A - td' = 0\,,$$

$$\frac{-c(z/z_0)}{z_0^2} + \frac{\nabla_{z_0} c(z/z_0)}{z_0} + w'b - td_0 = 0\,, \quad w \geqq 0\,.$$

If we write $z/z_0 = y$, problem (DP-II)$'$ can be written as

$$\text{maximize } g(y, z_0, w, t) = \frac{1}{z_0}[c(y) - w'(Ay - b)z_0^2 - t(d'y + d_0)z_0^2] + t$$

$$= \frac{1}{z_0}[c(y) - y(w'A + td')z_0^2 + (w'b - td_0)z_0^2] + t$$

subject to

$$\frac{\nabla y c(y)}{z_0^2} - w'A - td' = 0\,,$$

$$-\frac{c(y)}{z_0^2} - \frac{(\nabla y c(y))\,y}{z_0^2} + w'b - td_0 = 0, \quad w \geqq 0\,.$$

This can again be rewritten as

maximize $g(y, z_0, w, t) = 2c(y)/z_0 + t$

subject to

$$\frac{\nabla y c(y)}{z_0^2} - w'A - td' = 0$$

$$\frac{-c(y) - (\nabla y c(y))\,y}{z_0^2} + w'b - td_0 = 0, \quad w \geqq 0\,.$$

Again, the dual problem (DP-II)$'$ can be written in the final form as

maximize $g(y, z_0, w, t) = 2c(y)/z_0 + t$

subject to

$$c(y) = -z_0^2[w'(Ay - b) + th(y)]\,,$$

$$c(y) = z_0^2[w'A + t\nabla h(y)]\,, \quad w \geqq 0$$

which is precisely the problem (DP-II).

As shown by MANGASARIAN [2] a solution (z_0^*, z^*) to (PP-I)$'$ implies the existence of a solution $(y^* = z^*/z_0^*, z_0^*, w^*, t^*)$ to (DP-II)$'$ and their respective extreme values are equal, i.e.

$$2c(y^*)/z_0^* + t^* = c(z/z_0^*)/z_0^*$$

or equivalently, a solution $x^* = (z^*/z_0^*)$ to (PP-I) implies a solution (y^*, z_0^*, w^*, t^*) to (DP-II) and

$$f(x^*) = c(x^*)\,h(x^*) = c(z^*/z_0^*)/z_0^* = 2c(y^*)/z_0^* + t^*\,.$$

Conversely, using the transformation $y = z/z_0$ in the dual problem (DP-II) and applying MANGASARIAN's converse duality theorem [2], we get the required result.

3. Particular Cases

Setting $h(x) = 1$, MANGASARIAN's problem [2] becomes a particular case of the problem considered in this paper. Further, by setting $c(x)$ to be a linear or quadratic function of x, the problems considered in [3, 4] become special cases of the dual problems of this paper. The duality for an indefinite quadratic programming problem [5] can also be obtained as a special case of the dual pair considered in this paper.

References

1 MANAŠ, M., On transformation of quasi-convex programming problems, Ekon.-Mat. Obzor **21**, No. 1 (1968).
2 MANGASARIAN, O. L., Duality in non-linear programming, Quart. Appl. Math. **20**, No. 3 (1962).
3 DORN, W. S., Duality in quadratic programming, Quart. Appl. Math. **18**, No. 2 (1960).
4 DANTZIG, G. B., Linear Programming and Extentions, Princeton University Press, Princeton, New Jersey 1963.
5 SWARUP, K., Quadratic programming, Cahiers Centre Etud. Rech. Opérat. 8, No. 4 (1966).

Eingereicht am 23. 1. 1976, revidierte Fassung am 27. 5. 1976

Anschrift: MOHINDER KAUR BEDI, c/o S. HARDIT SINGH, 22552 Chestnut Treeway, Novi, Michigan, 48050, U.S.A.

ZAMM 58, 166–168 (1978)

UDO WERNER / WOLFGANG PIETZSCH

Die Polynome $S_n(x)$ zur Darstellung der Energiespektralfunktionen idealer Turbulenzfelder

1. Bestimmung der Koeffizienten der $S_n(x)$

In [1] hat W. SCHULTZ-PISZACHICH bei der Untersuchung idealer Turbulenzfelder eine Klasse von Polynomen eingeführt, die bei der Darstellung der Energiespektralfunktionen dieser Felder

$$E_n(k, t) = \frac{\overline{u^2} a_n^5 k^4}{2^n (n-1)!} \mathrm{e}^{-a_n k} S_{n-3}(a_n k)\,, \qquad n \geqq 3\,, \tag{1}$$

auftreten (vgl. Formel (70) in [1]). Dabei ist $S_n(x)$ ein durch

$$S_n(x) = (-1)^n x^{2n+1} \mathrm{e}^x \left[\left(\frac{1}{x}\frac{\mathrm{d}}{\mathrm{d}x}\right)^n \left(\frac{\mathrm{e}^{-x}}{x}\right)\right], \quad n = 0, 1, 2, \ldots, \tag{2}$$

definiertes Polynom n-ten Grades. Eine eingehendere Untersuchung der Energiespektralfunktionen (1) erfordert eine genauere Kenntnis der Polynome $S_n(x)$. Insbesondere ist eine geschlossene Summendarstellung der Polynome für weitergehende Betrachtungen von Vorteil.

Der Ausdruck in der eckigen Klammer von (2) bedeutet die n-malige Anwendung des Operators $\frac{1}{x}\frac{\mathrm{d}}{\mathrm{d}x}$ auf die Funktion $\frac{\mathrm{e}^{-x}}{x}$. Durch vollständige Induktion läßt sich für diesen Operator die Darstellung

$$\left(\frac{1}{x}\frac{\mathrm{d}}{\mathrm{d}x}\right)^n = \frac{1}{x^n}\sum_{i=1}^{n}\left(\frac{-1}{2x}\right)^{n-i}\frac{(2n-1-i)!}{(n-i)!\,(i-1)!}\frac{\mathrm{d}^i}{\mathrm{d}x^i} \tag{3}$$

finden.

Zwecks Abkürzung führen wir die Bezeichnung

$$\mathrm{D}_n(x) = \left[\left(\frac{1}{x}\frac{\mathrm{d}}{\mathrm{d}x}\right)^n \left(\frac{\mathrm{e}^{-x}}{x}\right)\right] \tag{4}$$

ein. Unter Verwendung der LEIBNIZschen Formel

$$\frac{\mathrm{d}^i}{\mathrm{d}x^i}\left(\frac{\mathrm{e}^{-x}}{x}\right) = (-1)^i \mathrm{e}^{-x} i! \sum_{l=0}^{i}\frac{1}{(i-l)!}\frac{1}{x^{l+1}}$$

und nach einigen einfachen Umformungen (wobei die Indexverschiebung $l = i - k$ vorgenommen wird) ergibt sich

$$\mathrm{D}_n(x) = (-1)^n \frac{\mathrm{e}^{-x}}{x^{2n+1}} \sum_{k=0}^{n}\sum_{i=k}^{n}\frac{1}{2^{n-i}}\frac{i(2n-1-i)!}{(n-i)!\,k!}x^k\,.$$

Hiermit liefert die Definition (2)

$$S_n(x) = (-1)^n x^{2n+1} \mathrm{e}^x \mathrm{D}_n(x) \tag{5}$$

die gesuchte *Summendarstellung für die Polynome* $S_n(x)$:

$$S_n(x) = \sum_{k=0}^{n}\left\{\sum_{i=k}^{n}\frac{1}{2^{n-i}}\frac{i(2n-1-i)!}{(n-i)!\,k!}\right\}x^k = \sum_{k=0}^{n} c_k x^k\,. \tag{6}$$

Die Koeffizienten c_k treten in (6) zunächst noch als eine Summe auf. Es gelingt aber, für diese Summe eine Summenformel anzugeben, indem wir, beginnend mit dem Koeffizienten bei der höchsten Potenz von x, die c_k der Reihe nach berechnen,

$$c_n = 1\,,$$

$$c_{n-1} = \frac{1}{2}\frac{1}{1!}\frac{(n+1)!}{(n-1)!}\,,$$

$$c_{n-2} = \frac{1}{2^2}\frac{1}{2!}\frac{(n+2)!}{(2-2)!}\,,$$

und durch vollständige Induktion beweisen:

$$c_{n-k} = \frac{1}{2^k} \frac{1}{k!} \frac{(n+k)!}{(n-k)!} \tag{7}$$

bzw.

$$c_k = \frac{1}{2^{n-k}} \frac{1}{k!} \frac{(2n-k)!}{(n-k)!}. \tag{8}$$

Mit diesen Koeffizienten liegt die *endgültige geschlossene Summendarstellung für die Polynome* $S_n(x)$ vor:

$$S_n(x) = \sum_{k=0}^{n} \frac{1}{2^{n-k}} \frac{1}{k!} \frac{(2n-k)!}{(n-k)!} x^k. \tag{9}$$

2. Rekursionsformel und Differentialgleichung der $S_n(x)$

Differentiation von (5) ergibt

$$S_n'(x) = (-1)^n ((2n+1) x^{2n} e^x + x^{2n+1} e^x) D_n(x) + (-1)^n x^{2n+1} e^x D_n'(x).$$

Beachten wir

$$\frac{1}{x} D_n'(x) = \left(\frac{1}{x} \frac{d}{dx}\right) D_n(x) = D_{n+1}(x),$$

so liefert diese Gleichung

$$S_n'(x) = \frac{2n+1+x}{x} S_n(x) - \frac{1}{x} S_{n+1}(x)$$

oder, wenn wir $n+1$ durch n ersetzen,

$$S_n(x) = (x + 2n - 1) S_{n-1}(x) - x S_{n-1}'(x). \tag{10}$$

Andererseits gilt

$$S_n(x) - S_n'(x) = x S_{n-1}(x), \tag{11}$$

was durch Einsetzen der Summendarstellung (9) leicht verifiziert werden kann. Durch Verbindung der Beziehungen (10) und (11) können entweder die Polynome unterschiedlichen Grades oder aber die Ableitungen eliminiert werden. Im letzteren Fall erhalten wir die Rekursionsformel

$$S_n(x) = (2n-1) S_{n-1}(x) + x^2 S_{n-2}(x). \tag{12}$$

Gehen wir von $S_0(x) = 1$, $S_1(x) = 1 + x$ aus, lassen sich hiernach die Polynome auf eine äußerst einfache Weise berechnen. Elimination von $S_{n-1}(x)$ in (10) mittels (11) dagegen liefert

$$S_n''(x) - 2\left(1 + \frac{n}{x}\right) S_n'(x) + 2 \frac{n}{x} S_n(x) = 0,$$

die Polynome $S_n(x)$ genügen also der homogenen linearen Differentialgleichung 2. Ordnung

$$y'' - 2\left(1 + \frac{n}{x}\right) y' + 2 \frac{n}{x} y = 0. \tag{13}$$

3. Integraldarstellungen für die $S_n(x)$

Die Differentialgleichung (13) für die $S_n(x)$ ist eine spezielle Differentialgleichung der Gestalt

$$Lw = (a_0 + a_1 z + a_2 z^2) w'' + (b_0 + b_1 z) w' + c_0 w = 0. \tag{14}$$

Für die Herstellung der Lösung $S_n(x)$ der Differentialgleichung (13) benutzen wir daher den

Satz:

$$w = e^{\alpha_1 z + \alpha_2 z^2} \int_C \chi(\zeta)^{-1} s(\zeta)^{\varrho - 1} (\zeta - z)^{-\varrho} d\zeta \tag{15}$$

mit

$$[\chi(\zeta)^{-1} s(\zeta)^{\varrho} (\zeta - z)^{-\varrho - 1}]_C = 0, \tag{16}$$

wobei C ein geeigneter, von z unabhängiger Weg in der ζ-Ebene ist, $\varrho, \alpha_1, \alpha_2$ die Zahlen des die Singularität in ∞ abspaltenden Ansatzes $w = e^{-\varrho \ln z + \alpha_1 z + \alpha_2 z^2} w_I$, χ eine die Differentialgleichung

$$L_{II} w_{II} = 0 \; (w = e^{\alpha_1 z + \alpha_2 z^2} w_{II},\; Lw = e^{\alpha_1 z + \alpha_2 z^2} L_{II} w_{II})$$

in die selbstadjungierte Form überführende Funktion und

$$s(\zeta) = a_0 + a_1 \zeta + a_2 \zeta^2$$

sind, löst die Differentialgleichung $Lw = 0$, wenn $|a_0| + |a_1| + |a_2| > 0$ und nicht zugleich $a_2 = 0$, $a_1 \neq 0$, $b_1 = 0$ (Ausnahmefall).

Für den Ausnahmefall sind zu $a_1 = 1$ und $a_0 = 0$ (ohne Beschränkung der Allgemeinheit) *die Gleichungen* (15) *und* (16) *mit $z^* = 2\sqrt{c_0 z}$ ($c_0 \neq 0$) statt z benutzbar* [2].

Die Gleichungen zur Bestimmung von $\varrho, \alpha_1, \alpha_2$

$$\begin{aligned} &2a_0\alpha_2^2 + b_1\alpha_2 = 0, \\ &a_1\alpha_1^2 + 4a_0\alpha_1\alpha_2 + b_1\alpha_1 + 2b_0\alpha_2 = 0, \\ &a_2\varrho(\varrho+1) - (2a_1\alpha_1 + 4a_0\alpha_2 + b_1)\varrho + 2a_0\alpha_2 + a_0\alpha_1^2 + b_0\alpha_1 + c_0 = 0 \end{aligned} \tag{17}$$

und die Differentialgleichung für $\chi(z)$

$$(\chi(z)\, s(z))' = \chi(z)\,(2a_0\alpha_1 + b_0 + (2a_1\alpha_1 + 4a_0\alpha_2 + b_1)\, z) \tag{18}$$

((17) und (18) nicht für den Ausnahmefall gültig) liefern speziell für (13), d. h. mit

$$a_0 = 0,\; a_1 = 1,\; a_2 = 0,\; b_0 = -2n,\; b_1 = -2,\; c_0 = 2n,$$

$$\alpha_2 = 0,$$

$$\alpha_1^2 - 2\alpha_1 = 0 \quad (\alpha_1 = 0 \text{ oder } \alpha_1 = 2),$$

$$\varrho = -n \text{ und}$$

$$\chi(x) = c\, e^{(2\alpha_1 - 2)x} x^{-2n-1}.$$

Daher hat man gemäß (15) und (16) die Integraldarstellungen mit den Integrationswegbedingungen

$$y_1 = \int_{C_1} e^{2\zeta} \zeta^n (\zeta - x)^n d\zeta \quad \text{mit} \quad [e^{2\zeta} \zeta^{n+1} (\zeta - x)^{n-1}]_{C_1} = 0, \tag{19}$$

$$y_2 = e^{2x} \int_{C_2} e^{-2\zeta} \zeta^n (\zeta - x)^n d\zeta \quad \text{mit} \quad [e^{-2\zeta} \zeta^{n+1} (\zeta - x)^{n-1}]_{C_2} = 0. \tag{20}$$

Die lineare Abbildung $\zeta' = x - \zeta$ führt (19) in (20) über und umgekehrt, wenn die Integrationswege C_1 und C_2 entsprechende sind.

Die Integrationswegbedingung in (19) gestattet, C_1 als Teil der reellen Achse von $-\infty$ bis 0 zu wählen; damit erhält man eine Integraldarstellung der $S_n(x)$:

$$S_n(x) = a_n \int_{-\infty}^{0} e^{2\xi} \xi^n (\xi - x)^n d\xi. \tag{21}$$

Unter Benutzung der binomischen Formel und nach fortgesetzter partieller Integration sowie durch Vergleich mit der Summendarstellung (9) ergibt sich die Konstante

$$a_n = \frac{2^{n+1}}{n!}. \tag{22}$$

Für negative ganzzahlige n läßt sich in (19) und (20) die Cauchysche Integralformel anwenden. Dies legt den Gedanken nahe, den Faktor x^{2n+1} abzuspalten:

$$y = x^{2n+1} \eta. \tag{23}$$

Mit (23) wird dann aus (13)

$$x\eta'' - 2(x - (n+1))\eta' - 2(n+1)\eta = 0. \tag{24}$$

Die Differentialgleichung (24) für η geht aus der Differentialgleichung (13) für y durch die Substitution $n \to -(n+1)$ hervor. Mithin hat man nach (19) und (20)

$$\eta_1 = \int_{\Gamma_1} e^{2\zeta} \zeta^{-n-1} (\zeta - x)^{-n-1} d\zeta \quad \text{mit}$$
$$[e^{2\zeta} \zeta^{-n} (\zeta - x)^{-n-2}]_{\Gamma_1} = 0, \tag{25}$$

$$\eta_2 = e^{2x} \int_{\Gamma_2} e^{-2\zeta} \zeta^{-n-1} (\zeta - x)^{-n-1} d\zeta \quad \text{mit}$$
$$[e^{-2\zeta} \zeta^{-n} (\zeta - x)^{-n-2}]_{\Gamma_2} = 0. \tag{26}$$

Ein positiv orientierter geschlossener Weg Γ_2 um $\zeta = x$, welcher $\zeta = 0$ nicht umfaßt, bringt nach Anwendung der Cauchyschen Integralformel aus (26) und mit (23) die Darstellung

$$S_n(x) = b_n x^{2n+1} e^{2x} \frac{d^n}{dx^n} (e^{-2x} x^{-n-1}). \tag{27}$$

Zur Bestimmung der Konstanten b_n benutzen wir die Leibnizsche Formel und vergleichen wieder mit der Summendarstellung (9):

$$b_n = (-2)^{-n}. \tag{28}$$

4. Zusammenhang der $S_n(x)$ mit Zylinderfunktionen

Die Transformation

$$y = x^{n+1/2} e^x u \tag{29}$$

liefert aus (13) die Differentialgleichung der Zylinderfunktionen imaginären Arguments

$$x^2u'' + xu' - \left(x^2 + \left(n + \frac{1}{2}\right)^2\right) u = 0 . \qquad (30)$$

Die allgemeine Lösung von (30) ist bekanntlich

$$u = c_1 I_{n+(1/2)}(x) + c_2 K_{n+(1/2)}(x) . \qquad (31)$$

Gemäß dem asymptotischen Verhalten (für $x = \infty$)

$$S_n(x) \sim x^n, \quad I_{n+(1/2)}(x) \sim \frac{1}{\sqrt{2\pi x}} e^x, \quad K_{n+(1/2)}(x) \sim \sqrt{\frac{\pi}{2x}} e^{-x}$$

sind dann die Konstanten in (31) für $y = S_n(x)$

$$c_1 = 0 \quad \text{und} \quad c_2 = \sqrt{\frac{2}{\pi}} .$$

Mithin erhält man die Beziehung

$$S_n(x) = \sqrt{\frac{2}{\pi}} x^{n+(1/2)} e^x K_{n+(1/2)}(x) . \qquad (32)$$

Literatur

1 SCHULTZ-PISZACHICH, W., Eine Klasse isotroper Turbulenzfelder mit Permanenzeigenschaft und existenten Tripelkorrelationen, ZAMM 56, 303–314 (1976).

2 PIETZSCH, W., Eine Integraldarstellung zur Lösung der Differentialgleichung $\sum_{k=0}^{2} \sum_{i=0}^{k} a_{ik} z^i D^k w = 0$ (a_{ik} Konstante und $\sum_{i=0}^{2} |a_{i2}| > 0$) und ihrer Spezialfälle in der Mathematischen Physik, Wiss. Schriftenreihe der TH Karl-Marx-Stadt 1975, 5. Tagung über Probleme und Methoden der Mathematischen Physik, Heft 1.

Eingereicht am 26. 11. 1976

Anschrift: Dr. rer. nat. UDO WERNER, Dr.-Ing. WOLFGANG PIETZSCH, Ingenieurhochschule Köthen, Abt. Mathematik/Rechentechnik, DDR-437 Köthen, Bernburger Str. 52–57

ZAMM 58, 168–169 (1978)

J. B. HADDOW / A. MIODUCHOWSKI

Expansion of a Thin Walled Hyperelastic Spherical Shell

Nomenclature

(q, p)	(internal, external) pressure
τ	time
(R, r)	mean radius in (undeformed, deformed) state
(T, t)	wall thickness in (undeformed, deformed) state
(λ, δ)	mean (circumferential, radial) stretch
σ_r	mean radial stress
σ_θ	mean circumferential stress
(μ, ν)	(shear modulus, POISSON's ratio) for infinitesimal deformation from undeformed state
(ϱ_0, ϱ)	density in (undeformed, deformed) state
$H(\tau)$	unit step function
W	strain energy per unit undeformed volume

1. Introduction

This note is concerned with the finite spherically symmetric motion of a thin walled compressible hyperelastic spherical shell due to a spatially uniform application of internal pressure. Results are presented for a step function application of pressure

$$q(\tau) = q_0 H(\tau) \qquad (1)$$

where q_0 is a constant, however the equations obtained can be solved for other functions $q(\tau)$ and for free oscillation.

Finite radially symmetric motions of incompressible elastic shells have been considered by GUO and SOLECKI [1] for arbitrary wall thickness and by WANG [2] for thin-walled shells. The governing differential equation for such a motion can be solved numerically and the motion resulting from an application of internal pressure given by equation (1) is periodic if an oscillation occurs. The response of a compressible elastic spherical shell, to an application of internal pressure is in a sense qualitatively different since a dilatation wave propagates radially outwards and is subsequently reflected at the inner and outer surfaces whereas for an incompressible shell the effect of the pressure is felt instantaneously throughout. In linear elasticity theory the response of a compressible spherical shell to an application of internal pressure given by equation (1) can be obtained from the method of characteristics [3]. This is not periodic, but approaches a periodic oscillation, with the same period

$$\theta = \pi R \sqrt{\frac{\varrho}{\mu} \frac{(1-\nu)}{(1+\nu)}}, \qquad (2)$$

as for free oscillation [4], as the ratio $\varepsilon = T/R$ approaches zero. It is reasonable to expect that the effect of wave propagation is negligible if the time required for the dilation wave to cross the wall is small compared with the time required for a material radius to move between its innermost and outermost positions during an oscillation. In this note it is assumed that the effect of wave propagation can be neglected and an approximate analysis based on this assumption is presented.

2. Approximate Method

In a previous paper [5] the authors showed that if terms $O(\varepsilon^2)$, where $\varepsilon = T/R$, are neglected

$$\sigma_\theta = \frac{1}{2}\left[(q - p - \varrho \ddot{r} t) \frac{\lambda}{\varepsilon\delta} - (p + q)\right], \qquad (3)$$

$$\sigma_r = -\frac{1}{2}(p + q), \qquad (4)$$

$$\lambda = \frac{r}{R} \quad \text{and} \quad \delta = \frac{t}{T}$$

for radial motion of a thin walled spherical shell. It follows from equations (3) and (4) that internal pressure $q = q(r)$ and $p = 0$

$$\hat{\sigma}_\theta - \hat{\sigma}_r = \frac{1}{2}\left[\frac{\lambda}{\varepsilon\delta}\left(\hat{q}(\hat{\tau}) - \frac{\lambda''\varepsilon}{\lambda^2}\right)\right] \qquad (5)$$

where the non-dimensional quantities $[\hat{\sigma}_r, \hat{\sigma}_\theta, \hat{q}] = \frac{1}{\mu}[\sigma_r, \sigma_\theta, q]$ and $\hat{\tau} = \frac{\tau}{R}\sqrt{\frac{\mu}{\varrho_0}}$ have been introduced and a prime denotes differentiation with respect to non-dimensional time $\hat{\tau}$. When the strain energy function W is expressed as a function of λ and δ the mean stresses are given by

$$\hat{\sigma}_r = \frac{1}{\mu\lambda^2}\frac{\partial W}{\partial \delta} \quad \text{and} \quad \hat{\sigma}_\theta = \frac{1}{2\mu\lambda\delta}\frac{\partial W}{\partial \lambda} \qquad (6)$$

and substitution in equation (5) gives

$$\lambda'' = \frac{2\hat{M}\delta}{\lambda} - \hat{N} + \frac{\lambda^2 \hat{q}(\hat{\tau})}{\varepsilon} \qquad (7)$$

where $\hat{N}(\lambda, \delta) = \frac{1}{\mu}\frac{\partial W}{\partial \lambda}$ and $\hat{M}(\lambda, \delta) = \frac{1}{\mu}\frac{\partial W}{\partial \delta}$. Equation (7) contains two unknowns δ and λ and an additional equation

$$\hat{q}(\hat{\tau}) = -\frac{2\hat{M}}{\lambda^2} \qquad (8)$$

is required. This is obtained from equation (4), with $p = 0$, and equation (6_1). In general (8) is a non-linear transcendental equation which cannot be solved in closed form for δ as a function of $\hat{\tau}$ and λ so that δ can be eliminated from equation (7). It is convenient to use the RUNGE-KUTTA method to solve equation (7) with initial conditions $\lambda(0) = \lambda_0$ and $\lambda'(0) = \lambda_0'$. In order to apply the RUNGE-KUTTA method to equation (7), equation (8) is solved numerically for δ for the appropriate values of $\hat{\tau}$ and λ and δ is eliminated from the right hand side of equation (7).

The equations for free oscillation are obtained by putting $\hat{q} = 0$ in (7) and (8).

3. Results

Some results are presented for an application of internal pressure given by equation (1), initial conditions

$$\lambda(0) = 1 \quad \text{and} \quad \lambda'(0) = 0 \tag{9}$$

and strain energy function, considered in [5],

$$W = \frac{\mu}{2}\left\{(I_1 - 3) + \frac{(1-2\nu)}{\nu}\left(I_3^{\frac{\nu}{1-2\nu}} - 1\right)\right\} \tag{10}$$

where $I_1 = 2\lambda^2 + \delta^2$ and $I_3 = \lambda^4\delta^4$. Strain energy function (10) approaches that for the incompressible neo-Hookean solid as ν approches 0.5. Use of equation (10) with equations (7) and (8) gives

$$\lambda'' = \frac{\hat{q}\lambda^2}{\varepsilon} - 2\left(\lambda - \frac{\delta^2}{\lambda}\right) \tag{11}$$

and

$$\hat{q} = -2\left\{\frac{\delta}{\lambda^2} - (\lambda^2\delta)^{\frac{-1}{1-\nu}}\right\} \tag{12}$$

and the equation for the neo-Hookean material is obtained by replacing δ by λ^{-2} in equation (11). It is easily shown, from equation (1) with δ replaced by λ^{-2} and the analysis given in [2], that for a neo-Hookean shell an oscillation occurs for internal pressure given by equation (1) and initial condition (9) if $\hat{q}/\varepsilon < 1.1121$. A phase plane (λ, λ') diagram can be obtained for compressible shells and if it closes it represents a periodic oscillation.

For a neo-Hookean shell, numerical solution of equation (11) with δ replaced by λ^{-2}, $\hat{q} = 0.005$ and $\varepsilon = 0.01$ gives a non-dimensional period $\hat{\theta} = \frac{\theta}{R}\sqrt{\frac{\mu}{\varrho_0}} = 2.183$ and maximum $\lambda = 1.1095$ whereas a numerical integration of the non-linear governing differential equation obtained by Guo and Solecki [1] for a shell of arbitrary wall thickness gives $\hat{\theta} = 2.194$ and maximum $\lambda = 1.1095$. These results give an indication of the validity of the thin walled approximation.

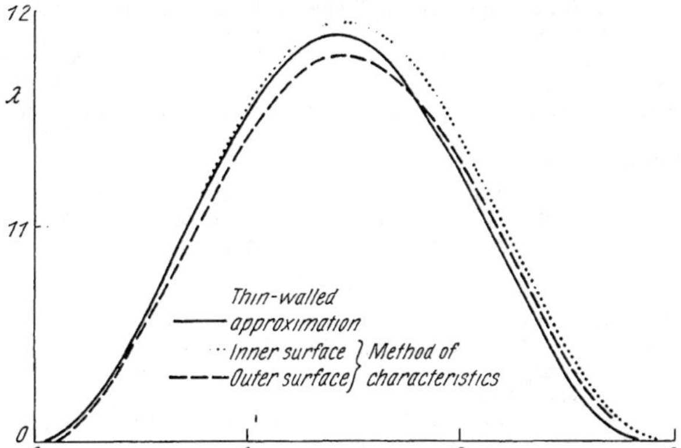

Fig. 1. Comparison of results obtained from method of characteristics and thin-walled approximation for $\hat{q} = 0.025$, $\varepsilon = 0.05/1.025$ and $\nu = 0.3$

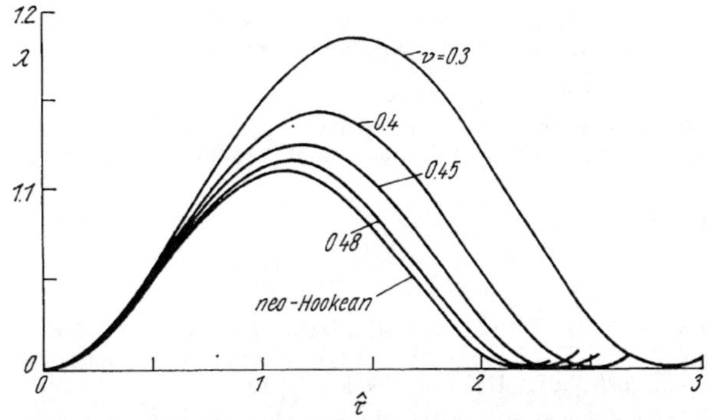

Fig. 2. Relation between λ and $\hat{\tau}$ for $\varepsilon = 0.025$, $\hat{q} = 0.05$ and various values of ν

In Fig. 1 results obtained from equations (7) and (8) with $\nu = 0.3$, $\hat{q} = 0.025$ and $\varepsilon = 0.05/1.025$ are shown graphically along with results obtained from a recent study by the authors [6] of the motion of a hyperelastic spherical shell of arbitrary wall thickness. Closer agreement would be expected for smaller values of ε but the numerical technique used along with the method of characteristics in [6] is not satisfactory for $\varepsilon \ll 1$.

In Fig. 2 results are shown graphically for different values of ν and these indicate that small compressiblility may have significant effect on the response.

As $\hat{q}/\varepsilon$ approaches zero the period obtained from equations (11) and (12) approaches that given by equation (2).

References

1 Guo, Z.-H. and Solecki, R., Free and Forced Finite Amplitude Oscillations of a Thick Walled Hollow Sphere Made of Incompressible Material, Arch. Mech. Stos. **15**, 427–433 (1963).
2 Wang, C. C., On the Radial Oscillations of a Spherical Thin Shell in the Finite Elasticity Theory, Quart. Appl. Math. **23**, 270–274 (1965).
3 Rose, J L., Chou, S. C. and Chou, P C., Vibration Analysis of Thick Walled Spheres and Cylinders. J of Acoust. Soc. of Am. **53**, 772–776 (1973).
4 Love, A. E. H., The Mathematical Theory of Elasticity, 4th Ed., Cambridge U P. (1927).
5 Mioduchowski, A. and Haddow, J. B., Dynamic Expansion of a Cavity in an Unbounded Hyperelastic Medium, ZAMM **56**, 89–94 (1976).
6 Haddow, J. B. and Mioduchowski, A., Dynamic Expansion of a Compressible Hyperelastic Spherical Shell, Acta Mechanica Vol. 26, 179–189 (1977)

Eingereicht am 11. Juni 1976

Anschrift: Dr. A. Mioduchowski, Associate Professor, Department of Mechanical Engineering, University of Alberta, Edmonton, Alberta, T6G 2E1, Canada

BUCHBESPRECHUNGEN

Netz, H. (Hrsg.), Formeln des technischen Grundwissens, München-Wien. Carl Hanser Verlag. 1976. 454 S., DM 28,–.

Berechnungsingenieure und Konstrukteure greifen gern zu einer aktuellen Formelzusammenstellung, die ein breites Spektrum ihres Tätigkeitsfeldes überstreicht. H. Netz hat mit sechs weiteren Autoren eine solche Sammlung von Formeln aus 18 Wissens- bzw. Arbeitsgebieten zusammengestellt. Grob wird gegliedert in „Formeln der technischen Mechanik und Physik" und „Formeln der Bauelemente von Maschinen und Anlagen.". Von der Mechanik des Massenpunktes, der Mechanik der Flüssigkeit und Gase, der Wellenlehre und Akustik über Atomphysik, Kerntechnik und Relativitätstheorie, Festigkeit der Bauteile, Verbindungselemente, Triebwerke bis zum Schweißen und Kleben reicht die Palette des Formelwerkes.

Die Darstellung ist insofern originell, als daß die Sammlung jeweils auf der linken Seite die eigentlichen Formeln, auf der rechten Seite eine Erklärung der Formelzeichen sowie als Ergänzung Berechnungsbeispiele enthält.

Im Teil Mechanik ist erfreulicherweise konsequent „freigeschnitten" worden, was die Übersicht bedeutend erleichtert. Zu bemerken wäre allerdings u. a., daß eine Kraft sich nicht so in drei Richtungen zerlegen läßt, wenn F und alle „Komponenten" sich in einem Punkte schneiden (S. 14, 3.),. Ferner würde ich nicht Bild 17 (S. 14) als Beispiel einer statisch unbestimmten Lagerung wählen.

Bei der Reibung (S. 64) würde ich empfehlen, die Haftreibungskraft als typische Reaktionskraft und die Gleitreibungskraft als eingeprägte Widerstandskraft herauszustellen. Außerdem sollte „allgemein" bei Haftreibung mit der Ungleichung gerechnet werden.

Im Abschnitt „Festigkeit der Bauteile" (S. 208) wird bei der Vorstellung des Spannungsbegriffs im Grenzübergang der Differentialquotient eingeführt, und bei der Dehnung erscheint dann der etwas unlogische Ausdruck $\varepsilon_x = \Delta\, dx/dx$; ferner sollten wegen $\varepsilon_q = -\mu \cdot \varepsilon_l$ bei der Definition der Querzahl Betragsstriche geschrieben werden.
Welche Restspannungen sind unter 3. auf S. 224 gemeint? Wozu wird der Begriff polares Widerstandsmoment $W_0 = I_0/r$ eingeführt? Auf S. 280 ist beim Rechteck ein Schreibfehler auszubessern, statt 2/3 muß 3/2 stehen.
Diese Kleinigkeiten schmälern den Wert dieses Buches, welches sich seinen Verbraucherkreis bestimmt erobern wird, sicher nicht.

Dresden H. Göldner

Rechten, A. W., Fluidik, Grundlagen, Bauelemente, Schaltungen, Berlin-Heidelberg-New York. Springer-Verlag. 1976. X, 244 S., 169 Abb., DM 74,—. US $ 30.40.

Der Autor des vorliegenden Buches über eines der jüngsten Gebiete der Technik bietet eine lesenswerte Übersicht über die gegenwärtig bekannten Bauelemente und Schaltungen der Fluidik dar, wobei großer Wert auf eine klare Beschreibung der Phänomene gelegt wird, und daher die Funktion der Fluidikelemente, ihrer elementaren Verknüpfungen und Baugruppen aus dem Verständnis der wirkenden physikalischen Erscheinungen begriffen werden kann. Die Voraussetzungen dazu werden in den Kapiteln 3 bis 6 geschaffen, in denen die strömungsmechanischen Grundlagen abgehandelt werden. Der Darstellung der Grundlagen wird eine Zusammenstellung der Begriffe der Fluidik vorangestellt, die sich auf einen Normentwurf stützt und die äquivalente Begriffe aus dem angelsächsischen Sprachraum nennt. (Den Strömungsmechaniker überrascht hier die Definition des Freistrahls als „Strahl, der von höchstens zwei gegenüberliegenden zueinander parallelen Wänden begrenzt wird", die mit der klassischen Definition des Freistrahls nicht identisch ist. Gleiches gilt für den Begriff des ebenen Strahls. Es sollte bedacht werden, daß die Verwendung alteingeführter Begriffe mit einem veränderten Sinngehalt zu vielen Mißverständnissen Anlaß geben kann, besonders wenn es sich wie im genannten Fall um ein Standardmodell der Strömungsmechanik handelt.) Die Kapitel 4 bis 6 haben die bekannten Ergebnisse über die laminare und turbulente Strömung in Leitungen, die Strahlströmungen und den Coanda-Effekt zum Inhalt. Obwohl diese Ergebnisse auf kein fluidisches Bauelement in der reinen Form anwendbar sind, vermitteln sie doch ein Gefühl für die wesentlichen Strömungsvorgänge in solchen Elementen und ermöglichen die Einfühlung in ihre Funktion, sind also nicht ohne Bedeutung. Die Druckfehler in den Gleichungen (5.1) und (6.5) sind bedauerlicherweise sinnentstellend. Im Kapitel 7 wird die Steuerung von Strömungselementen sehr instruktiv erläutert. In den Kapiteln 8 bis 14 werden die Freistrahlelemente, die Haftstrahlelemente, Wirbelkammerverstärker, andere aktive Strömungselemente, passive Strömungselemente, fluidische Aufnehmer und mechanische Fluidikelemente betrachtet. Die Baugruppen mit Strömungselementen behandelt das Kapitel 15, fluidische Schaltungen bilden den Inhalt von Kap. 16 und die praktische Ausführung von Strömungselementen und die Bildzeichen der Fluidik bilden den Abschluß. Insgesamt ein empfehlenswertes Werk sowohl für den Fachmann, als auch für den Ingenieur, der sich über die Möglichkeiten der Fluidik informieren möchte.

Berlin K. Remke

Parkus, H., Optimal Filtering, Course held at the Deptt. for General Mechanics 1971, Wien-New York. Springer-Verlag. 1971. 59 S., 3 Abb., DM 14,70. $ 101,—. (CISM Courses and Lectures 94)

Das Buch ist aus Vorlesungen entstanden, die der Verfasser im Oktober 1971 am Internationalen Zentrum für Mechanik (CISM) gehalten hat. Es gibt auf wenigen Seiten einen Einblick in die Theorie der optimalen Filter.
In den ersten beiden Kap. werden die Wiener- und die Kalman-Bucy-Filter behandelt. Dabei wird die Lösung der Wiener-Hopf-Gleichung in üblicher Weise durch Transformation in den Frequenzbereich angegeben. Die Beziehungen für die zeitkontinuierlichen Kalman-Bucy-Filter werden durch Grenzübergang aus den entsprechenden Gleichungen für den zeitdiskreten Fall gewonnen. Die Behandlung eines einfachen gedämpften Schwingungssystem hat Beispielcharakter und beschließt den linearen Teil.

Die beiden letzten Kap. enthalten eine kurze Übersicht über Methoden zur Untersuchung nichtlinearer Schätzprobleme und zur Behandlung gekoppelter Steuer- und Schätzaufgaben. Der Verf. beschränkt sich dabei auf die Verwendung von Linearisierungsmethoden und weist kurz auf die Dualität von Steuer- und Schätzproblemen für lineare Systeme mit quadratischen Kostenfunktional hin.

Das Büchlein stellt eine elementare Einführung in die Gedankenwelt der Beobachtung und Elimination zufälliger Störungen durch optimale Schätzung dynamischer Systeme dar und will so zur Verbreitung dieser Wissenschaftszweiges auch außerhalb seiner klassischen Anwendungsbereiche beitragen. Der ernsthaft interessierte Leser wird allerdings kaum auf weiterführende Literatur verzichten können. In den einzelnen Abschnitten sind dazu erste Hinweise enthalten.

Berlin B. Heimann

Bradshaw, P. (Hrsg.), Turbulence, Berlin-Heidelberg-New York. Springer-Verlag. 1976. XI, 335 S., 47 Abb., DM 97,—. US $ 39.80. (Topics in Appl. Physics 12).

Angesichts der Bedeutung turbulenter Strömungsvorgänge für das Verständnis zahlreicher Erscheinungen in Natur und Technik ist die zu beobachtende intensive Forschungstätigkeit auf diesem Gebiet durchaus verständlich. Eine nicht geringe Anzahl von Artikeln und Büchern mit einführendem oder monografischem Charakter wurde Teilaspekten oder dem Gesamtgebiet der Turbulenz gewidmet. Daher läßt es sich der Herausgeber angelegen sein, einleitend auf die besonderen Zielsetzungen des vorliegenden Bandes zu verweisen. Insbesondere soll danach die Thematik in ihrer Breite behandelt und ein Zugang zu der jeweiligen Spezialliteratur eröffnet werden. An der Lösung der gestellten Probleme wirkten durch Arbeiten auf den jeweiligen Gebieten bekannte Fachleute mit.

P. Bradshaw gibt im 1. Kapitel (44 Seiten, 42 Quellennachweise) eine physikalisch anschauliche Einführung in die wichtigsten Begriffsbildungen und beschreibenden Gleichungen der Strömungsturbulenz. Damit wird unter Berührung aktueller Probleme — z. B. der Verwendbarkeit von Gradientensätzen — eine Bezugsbasis für die folgenden Autoren geschaffen. Gegenstand des 2. Kapitels (63 Seiten, 446 Quellennachweise) sind turbulente Strömungen, die maßgeblich durch höchstens eine Begrenzungswand beeinflußt werden (external flows). Unter Verwendung zahlreicher Bezüge auf die einschlägige Literatur behandelt H. H. Fernholz u. a. den Einfluß der Turbulenzvorgeschichte, der Außenturbulenz und der Wärmeübertragung sowie im Mittel dreidimensionale turbulente Grenzschichten. Kanalströmungen im weitesten Sinne, d.h. Strömungen, die von mehr als einer Begrenzung wesentlich abhängen (internal flows), erörtert J. P. Johnston im anschließenden 3. Kapitel (61 Seiten, 158 Quellennachweise). Es gelingt dem Autor, Wiederholungen des vorangegangenen Stoffes durch die Betonung spezifischer Wechselwirkungseffekte turbulenter Scherschichten in Kanälen weitgehend zu vermeiden. Einen gewissen Schwerpunkt bilden Fragestellungen im Zusammenhang mit dem Turbomaschinenbau. Das 4. Kapitel (22 Seiten, 74 Quellennachweise) verfaßt von P. Bradshaw und J. D. Woods, ist turbulenten Strömungsformen gewidmet, die in starkem Maße von Auftriebseffekten abhängen. Diese kurze Einführung bezieht sich einerseits auf entsprechende geophysikalische Erscheinungen und andererseits auf Studien im Laboratoriumsmaßstab. Für alle Leser, die am gegenwärtig erreichten Stand bei der Berechnung turbulenter Strömungen interessiert sind, bildet das 5. Kapitel (37 Seiten, 48 Quellennachweise) einen Schwerpunkt des vorliegenden Buches. W. C. Reynolds und T. Cebeci geben einen wohlgeordneten und konzentrierten Überblick über moderne Modellvorstellungen und ältere Konzeptionen. Bemerkenswert ist vor allem die nüchterne Einschätzung zu den Möglichkeiten und Grenzen neuerer Entwicklungen, die durch die Stichworte „Ein- und Zwei-Gleichungsmodelle", „Modelle der Spannungsgleichungen" und „Simulation der Grobstruktur" charakterisiert sein mögen. Unter Einbeziehung von Auftriebseffekten geht B. E. Launder im 6. Kapitel (57 Seiten, 132 Quellennachweise) auf die analoge Fragestellung für den turbulenten Wärme- und Stofftransport ein. Es zeigt sich, daß Ansätze für die

„turbulente PRANDTL- bzw. SCHMIDTzahl“ z. Zt. noch eine zentrale Rolle bei der praktischen Rechnung spielen. Im 7. Kapitel (36 Seiten, 29 Quellennachweise) behandelt J. L. LUMLEY unter besonderer Berücksichtigung eigener Arbeiten eine Auswahl von Problemen, die sich beim Auftreten der Turbulenz in Zweiphasenströmungen und Nichtnewtonschen Medien ergeben. U. a. werden verdünnte Suspensionen (keine Teilchenwechselwirkung), Schäume und Aufschlämmungen (starke Teilchenwechselwirkung), die Teilchenaufwirbelung, die Teilchenwanderung (quer zur mittleren Strömung) und die Wirkung von Polymerzusätzen (Widerstandsverminderung) erörtert. Das Buch endet mit einer ergänzenden Literaturzusammenstellung und einem hilfreichen Sachregister.

Sicher haben Herausgeber und Autoren das gesteckte Ziel, nämlich das breite Spektrum der heute aktuellen Turbulenzforschung darzustellen, im wesentlichen erreicht, auch wenn Teilgebiete, wie die Strömungsakustik, die magneto-hydrodynamische Turbulenz oder einschlägige astrophysikalische Fragestellungen ausgeklammert worden sind. Die Einführung in die Spezialliteratur bezieht sich vor allem auf englischsprachige Originalarbeiten und ist von den verschiedenen Autoren unterschiedlich betont worden. Hervorzuheben ist aber die Berücksichtigung neuester Artikel. Es gelang, die einzelnen Kapitel weitgehend aufeinander abzustimmen und eine physikalisch orientierte niveauvolle Darstellung zu verwirklichen. Der vorliegende Band wird jedem auf einem der behandelten Gebiete tätigen Forscher eine wertvolle Hilfe sein und auch als Leitfaden den ersten Zugang zu einem der dargestellten Probleme in der Turbulenzforschung fördern. Er kann bestens empfohlen werden.

Berlin M. HOFFMEISTER

O'Malley, R. E., Introduction to Singular Perturbations, New York-London. Academic Press. 1974. VIII, 206 S., $ 17.50 (Applied Mathematics and Mechanics 14).

Hängt ein Problem von einem Störungsparameter ε ab und konvergiert die Lösung $y_\varepsilon(x)$ des Problems für $\varepsilon \to 0$ gleichmäßig in x gegen die Lösung des ungestörten Problems, so liegt ein reguläres Störungsproblem vor. Das vorliegende Buch befaßt sich mit singulären Störungsproblemen, bei denen ein solcher gleichmäßiger Grenzwert nicht existiert. Es beschränkt sich dabei im wesentlichen auf Randwertprobleme für gewöhnliche Differentialgleichungen in einem endlichen Intervall, doch lassen sich die behandelten Methoden auch auf andere Problemklassen übertragen. Bei Differentialgleichungen kommt ein singuläres Verhalten dadurch zustande, daß der Parameter ε als Faktor bei der höchsten Ableitung auftritt, so daß sich die Ordnung der Gleichung für $\varepsilon \to 0$ reduziert und dann die Lösungen der ungestörten Gleichung im allgemeinen natürlich nicht mehr alle für das gestörte Problem vorgeschriebenen Randwerte erfüllen können. Wie üblich werden für das Innengebiet des vorgegebenen Intervalls und nach einer geeigneten Streckung der Variablen für die Grenzschichten in den Umgebungen der Randpunkte verschiedene asymptotische Entwicklungen aufgestellt und dann aneinander angepaßt.

Insbesondere werden lineare, quasilineare und allgemeinere nichtlineare Probleme behandelt, kürzere Abschnitte beziehen sich auch auf Anfangswertprobleme. Probleme mit zwei Parametern, Differential-, Differenzengleichungen mit kleinen Nacheilungen sowie auf turning-point-Probleme, bei denen der Hauptkoeffizient der ungestörten Gleichung eine Nullstelle besitzt. Dem Charakter des Buches als Einführung entsprechend werden sehr viele Beispiele diskutiert, die oft schon die geschlossen lösbaren Differentialgleichungen mit konstanten Koeffizienten liefern, und die verschiedenen Möglichkeiten des asymptotischen Verhaltens für $\varepsilon \to 0$ werden in übersichtlichen Abbildungen erläutert. Vor der Untersuchung der Gleichungen höherer Ordnung werden als Modellfall die Gleichungen zweiter Ordnung erörtert, und die entsprechenden Erscheinungen bei Systemen werden im Fall zweier Gleichungen vorgeführt. So ist das Buch auch für Studenten und Nichtmathematiker gut verständlich, zumal vom Leser nur die üblichen Vorkenntnisse in Analysis und Linearer Algebra erwartet werden. Besonders hervorgehoben seien noch die behandelten Anwendungen zur Lösung von Problemen der optimalen Steuerung sowie der chemischen Reaktortheorie, speziell dem Numeriker liefert die Theorie der singulären Störungen Hinweise für die praktische Auflösung steifer Differentialgleichungen. Da es in der Asymptotik wegen der Vielzahl der Möglichkeiten schwierig ist, allgemeine Sätze aufzustellen, werden nur acht Sätze explizit formuliert, diese erfassen jedoch die typischen Fälle, und man findet laufend Literaturhinweise auf weitergehende Ergebnisse, insbesondere auch auf 24 Originalarbeiten des Verfassers.

Kritisch sei lediglich vermerkt, daß eine konvergente Potenzreihe zwar auch immer eine asymptotische Reihe ist, doch braucht dies keineswegs für den auf S. 13 behandelten allgemeineren Reihentyp zu gelten. Bei der Bemerkung auf derselben Seite unten, daß Integrale asymtpotischer Reihen in offensichtlicher Weise erklärt seien, wäre eine ausführliche Erläuterung angebracht, da die Fälle daß die Integrale divergieren bzw. konvergieren, unterschiedlich behandelt werden müssen.

Rostock L. BERG

Stopp, F., Operatorenrechnung, Leipzig. BSB B. G. Teubner Verlagsgesellschaft. 1976. 154 S., 34 Abb., M 8,40. (MINÖL 10).

Das vorliegende Lehrbuch des auf dem Gebiet der Operatorenrechnung bekannten Autors behandelt in erster Linie die LAPLACE-Transformation sowie die FOURIER- und die Z-Transformation. Es werden die für die praktische Handhabung dieser Transformationen benötigten Formeln und Eigenschaften einschließlich die der zugehörigen Rücktransformationen vorgestellt und ihre Anwendung bei der Lösung konkreter Gleichungstypen erläutert. Ein besonderer Teilabschnitt ist den asymptotischen Eigenschaften der LAPLACE-Transformation und der Ausnutzung dieser Eigenschaften bei Stabilitätsuntersuchungen gewidmet. Ein weiterer Abschnitt bringt nach einer Darlegung der erforderlichen algebraischen Grundbegriffe eine Einführung in die Operatorenrechnung von MIKUSIŃSKI, die auch eine Basis für die exakte Behandlung einer Klasse von Distributionen bietet, nachdem die spezielle DIRACsche Delta-Distribution schon vorher im Zusammenhang mit dem STIELTJES-Integral eingeführt wurde. Die Voraussetzungen werden klar formuliert, einfachere Beweise, die das Verständnis des Stoffes fördern, werden vorgeführt, bei komplizierteren Beweisen wird auf die mathematische Fachliteratur verwiesen.

Von einigen Kleinigkeiten abgesehen, entspricht das neue Buch in hohem Maße den an die Lehrbuchreihe „MINÖL“ gestellten Anforderungen, wozu nicht zuletzt die 120 ausführlich durchgerechneten Beispiele, oft mit Behandlung des physikalisch-technischen Hintergrunds, die 85 Aufgaben mit Lösungen sowie die 4 Tabellen mit den wichtigsten Formeln der Operatorenrechnung beitragen.

Rostock L. BERG

Michlin, S. G., Approximation auf dem kubischen Gitter, Berlin. Akademie-Verlag. 1976. 204 S., 17 Abb., 36,– M.

Das vorliegende Werk des durch seine zahlreichen Bücher bekannten Autors ist im wesentlichen eine geschlossene Theorie der Differenzenverfahren im „kubischen Gitter“ im m-dimensionalen Raum bei Aufgaben mit definitem Operator bei Zugrundelegung des Zusammenhangs mit Variationsaufgaben. Die Seite der „konstruktiven Funktionentheorie“ zeigt sich beim Aufbau spezieller Klassen von „Koordinatenfunktionen“ für das Variationsproblem aus den „Ausgangsfunktionen“. Mit Hilfe der Theorie der Sobolevschen Räume wird dann eine weitgehend vom Autor entwickelte Theorie über Approximationsordnung, Fehleranalyse, Stabilität der Differenzenverfahren, auch bei Eigenwertaufgaben u. a. gewonnen. Ausgangspunkt ist die Frage nach einer verallgemeinerten Lösung $u = u_0$ einer Operatorgleichung $Au = f$, wobei A ein positiv definiter, also linearer Operator in einem Hilbertraum H und f ein gegebenes Element aus H ist; u_0 realisiert das Minimum des zugehörigen „energetischen Funktionals“ $F(n)$, das auf dem energetischen Raum des Operators H definiert ist. Damit ist der Zusammenhang mit Variationsaufgaben gegeben. Die Theorie der Differenzenapproximation wird allgemein entwickelt, aber in den Anwendungen gewöhnlich für den Fall der 1. (DIRICHLETschen) Randwertaufgabe bei elliptischen linearen Differentialgleichungen (gelegentlich auch bei allgemeineren Randbedingungen) näher ausgeführt. Zugrundegelegt wird dabei meist ein kubisches Gitter (achsenparalleles Gitter mit gleicher Maschenweite h in allen Koordinatenrichtungen), aber auch der Fall eines radialen Gitters wird untersucht.

Das vom Autor beschriebene Differenzenverfahren ist ein spezieller Fall der „Finite-Elemente-Methode“ (F.E.M.). Der

Autor setzt sich Seite 11ff. mit der F.E.M. von Strang und Fix auseinander. Es war nicht Ziel des Autors, eine allgemeine Theorie der F.E.M. zu geben, die gerade durch eine problemorientierte Einteilung des Grundgebietes (i. a. in verschieden große und verschieden geformte Teilbereiche, und nicht in einem kubischen Gitter) ihre besondere Flexibilität erhält. Es lag dem Autor vielmehr daran, für das kubische Gitter eine allgemeine Theorie durchzuführen, die Vollständigkeit der Koordinatenfunktionen unter zusätzlichen Beschränkungen (den „fundamentalen Beziehungen") zu zeigen, Funktionen SOBOLEVscher Klassen durch Koordinatenfunktionen zu approximieren, Ausgangsfunktionen mit höherer Approximationsordnung aufzustellen, entartete Matrizen, wie sie z.B. bei radialen Gittern auftreten, und Approximation von Eigenwerten zu untersuchen und eine ausführliche Fehleranalyse durchzuführen, wobei die Stabilität des entsprechenden numerischen Prozesses und die Konditionszahl der Systemmatrix entscheidende Begriffe sind. Es werden auch variable Koeffizienten in der Differentialgleichung und kurz auch nicht selbstadjungierte Aufgaben genannt. Seite 153 wird ein numerisches Beispiel mit der gewöhnlichen Differentialgleichung $-d/dx\,[x^\alpha\, du/dx] + u = f(x)$ mit gegebenem α und $f(x)$ vorgeführt.

Die Approximationstheorie führt auch zu Formeln der numerischen Quadratur, was am Analogon der EULER-MACLAURINschen Formel für den Kubus und am Integral über die Einheitkugel im R_m gezeigt wird. Das letzte Kapitel ist gewissen Klassen (linearer) FREDHOLMscher Integralgleichungen und der näherungsweisen Konstruktion der Resolvente bei eindimensionalen Integralgleichungen gewidmet, die Genauigkeit der Approximation wird untersucht und auch schwach singuläre Integralgleichungen werden zugelassen mit der Wärmeleitungsgleichung als Beispiel.

So stellt das sehr klar und gut lesbar geschriebene Buch eine sehr gründliche und weitreichende Theorie der Variationsdifferenzengleichungen dar.

Hamburg L. COLLATZ

Zeidler, E., Vorlesungen über nichtlineare Funktionalanalysis I — Fixpunktsätze, Leipzig. Teubner Verlagsgesellschaft. 1976. 237 S., 35 Abb., M 18,50. (Reihe: Teubner-Texte zur Mathematik).

Von dem vierbändig geplanten Werk behandelt der vorliegende Teil I im wesentlichen die für die Anwendungen wichtigen Fixpunktsätze; der Autor gibt in einer sehr knappen Form einen ausgezeichneten Überblick über grundlegende Ideen der nichtlinearen Funktionalanalysis. Er bringt hauptsächlich diejenigen Teile der Theorie, die Anwendungen auf Differential- und Integralgleichungen, auf Gleichungssysteme, Eigenwertaufgaben, nichtlineare Schwingungen und andere physikalische Probleme zulassen. Der Verfasser wendet sich an einen breiten Leserkreis von Personen, denen er einen raschen Überblick über die Ideen und die typischen Anwendungen der nichtlinearen Funktionalanalysis vermitteln will. Bei der großen Fülle an Stoff verwendet er dabei einen eigenen Stil, in dem wichtige neue Begriffe jeweils anschaulich erläutert und neue Ideen und ihre Reichweite an einfachen Beispielen erklärt werden, so daß auch der Nichtspezialist eine gute Vorstellung von dem Sinn und der Bedeutung der Sätze erhält. Dann aber werden Beweise in einer komprimierten Form, fast im Telegrammstil gebracht, so daß insgesamt das Buch als außerordentlich reichhaltig bezeichnet werden muß.

Ein kurzer erster Abschnitt bringt die beiden Fixpunktsätze von BANACH über kontrahierende Abbildungen und von SCHAUDER. Der zweite Abschnitt behandelt sehr verschiedenartige Anwendungen dieser beiden Fixpunktsätze, bei Differentialgleichungen die Frage nach periodischen Lösungen und Stabilität, den Satz über implizite Funktionen, das NEWTONsche Verfahren, und in Vorbereitung auf den dritten Abschnitt die Fortsetzung nach einem Parameter und das LERAY-SCHAUDERsche Prinzip, ferner positive Operatoren und eine analytische Verzweigungstheorie mit Anwendungen auf Differentialgleichungen und das Stabilitätsverhalten der Verzweigungslösungen. Ein wichtiger Abschnitt über Fixpunkte mehrdeutiger Abbildungen findet Anwendungen auf die Spieltheorie. Der Schluß des zweiten Abschnittes ist nichtexpansiven Operatoren, demikompakten, nichtvollstetigen und verdichtenden Operatoren mit Einführung eines Nichtkompaktheitsmaßes gewidmet. Der 3. Abschnitt beginnt mit einer anschaulichen Einführung in den Ideenkreis des Abbildungsgrades und des Fixpunktindex von LERAY-SCHAUDER. Hier werden verschiedene im zweiten Abschnitt begonnene Entwicklungen weitergeführt. Es ist didaktisch besonders geschickt, im zweiten Abschnitt die Ideen soweit durchzuführen, als man mit den elementaren Prinzipien des 1. Abschnittes auskommt, und erst im 3. Abschnitt zu zeigen, was man mit Hilfe der LERAY-SCHAUDERschen Theorie erreichen kann, z.B. bei der topologischen Verzweigungstheorie mit Indexsatz, Hauptsatz und Aussagen über sekundäre Verzweigungen. Es folgt der Antipodensatz, der ebenfalls anschaulich eingeführt wird mit wesentlichen und unwesentlichen Abbildungen, einem Satz von HOPF und seiner Verallgemeinerung und einem Satz über die Gebietstreue. Ein „asymptotischer" Fixpunktsatz für einen Operator T ist ein Satz, der die Existenz eines Fixpunktes von T unter gewissen Voraussetzungen über T^n sichert. Es werden derartige Sätze mit Anwendungen bewiesen. Der letzte Abschnitt befaßt sich mit „analytischen Abbildungen", bei denen man, falls der Fixpunktindex gleich 1 ist, auf die Einzigkeit des Fixpunktes schließen kann.

In einem Anhang werden die wichtigsten benutzten Hilfsmittel der Analysis in knapper Form zusammengestellt, so daß auch Personen, die nicht Spezialisten auf dem Gebiet der Funktionalanalysis sind, Verständnis für die nichtlineare Funktionalanalysis bekommen können.

Die weiteren Bände sollen behandeln: II. Monotone Operatoren, III. Variationsmethoden, Optimierung, IV. Anwendungen auf ausgewählte Probleme der mathematischen Physik. Aufgrund des vorliegenden Bandes I darf man den weiteren Bänden II, III, IV mit großem Interesse entgegensehen. Es ist eine große Aufgabe, die sich hier ein einzelner Autor vorgenommen hat, und man kann dem ganzen Werk einen recht guten Erfolg wünschen.

Hamburg L. COLLATZ

Lüthi, H.-J., Komplementaritäts- und Fixpunktalgorithmen in der mathematischen Programmierung, Spieltheorie und Ökonomie, Berlin-Heidelberg-New York. Springer-Verlag. 1976. VII, 145 S., 21 Abb., DM 18,—. US $ 7.40. (Lecture Notes in Economics and Mathematical Systems 129)

In übersichtlicher und gut untergliederter Weise beschäftigt sich dieser Band mit modernen, vor allem auf Lösungsverfahren orientierten Fragen zu Komplementaritätsproblemen im R^n bis hin zum neuesten Stand der Forschung einschließlich zugehöriger nichttrivialer Beispiele. Eine Reihe von Resultaten stammen vom Verfasser selbst.

Die Thematik ist in 2 große Kapitel (mit informativen Einleitungen) gegliedert: Komplementarität (Kapitel I) und Fixpunktalgorithmen (Kapitel II). Das erste orientiert sich zunächst am Algorithmus von LEMKE für lineare Probleme (Pivotalgorithmus mit Konvergenzbeweis unter Benutzung eines kombinatorischen Arguments statt einer Monotonieeigenschaft), und dann für nichtlineare Probleme am Algorithmus von SCARF (Algorithmus mit simplizialer Approximation der gesuchten Lösung). Das 2. Kapitel baut ebenso auf dem Algorithmus von SCARF auf und läuft auf eine approximative Bestimmung von Fixpunkten hinaus.

Eine mehr theoretisch orientierte Zusammenstellung von Zusammenhängen zwischen Komplementarität und Fixpunkten (und Variationsungleichungen) auch mit dem Ziel der approximativen Lösung (hier z.B. RITZ-GALERKIN-Approximation) steht etwa bei U. Mosco, An Introduction To The Approximate Solution Of Variational Inequalities.

Die ersten drei Abschnitte des Kapitels I nennen sorgfältig die Grundtatsachen linearer Komplementaritätsprobleme wie Basis, Entartung, komplementäre Basis und das Lemma der Graphentheorie, welches den Konvergenzbeweis des LEMKE-Algorithmus ermöglicht: ein endlicher Graph, in dem jeder Knoten höchstens zwei benachbarte Knoten hat und wenigstens ein Knoten E_0 mit nur einem benachbarten Knoten existiert, hat auch einen Knoten E^* mit nur einem Nachbarn, so daß E_0 mit E^* über einen eindeutigen Weg verbunden ist. Kapitel I.4. enthält den LEMKEschen Algorithmus, I.5. beschreibt Klassen von Matrizen, für welche der LEMKEsche Algorithmus eine Aussage (nach endlich vielen Schritten) macht; I.6. wendet dies an für quadratische Optimierungsprobleme, Zweimatrizenbeispiele und ein LEONTJEFF-Modell und gibt am Ende einen Hinweis auf Blockaustauschverfahren. I.7. interpretiert den LEMKEschen Algorithmus geometrisch, I.8. nennt noch offene Probleme. Kapitel I.9. befaßt sich mit nichtlinearen Komplementaritätsproblemen, führt in die SCARFsche konstruktive Beweisidee des BROUWERschen Fixpunktsatzes ein und nennt die u. a. von KARAMARDIAN aufgedeckten Zusammenhänge mit einer Variationsgleichung (Bestimmung eines stationären Punktes). I.10. beschreibt dann die Technik der Triangulation, I.11. die Markierung einer Triangulation (nach einer Idee von SPERNER) und komplementäre Simplices sowie die Beziehungen zu Komplementaritätsproblemen. I.12. enthält den Basisalgorithmus mit Diskussion des Ablaufs. I.13. nennt Aufgabenklassen, für die der Algorithmus funktioniert, etwa vom Typ mit Voraussetzungen der starken Konvexität. I.14. gibt Anwendungen dieser nichtlinearen Theorie, insbesondere wird der BROUWERsche Fixpunktsatz konstruktiv mit der Komplementaritätstheorie bewiesen. In I. 15. werden spezielle Triangulationen beschrieben) KUHN, SCARF, HANSON), die in I.16. einen numerisch effektiveren Algorithmus aufzustellen gestatten.

Im Kapitel II wird erst das klassische Spernersche Lemma (in der Sprache des Kapitels I) dargestellt, dann ohne Bezug auf Komplementaritätsprobleme (gegenüber I.14.) ein ε-approximativer Fixpunkt einer stetigen Abbildung einer kompakten konvexen Menge in sich konstruktiv gewonnen. Der ursprüngliche (1967) SCARFsche Algorithmus findet sich in II.3. II.4. entwikkelt ein Verfahren zur Gewinnung eines Fixpunktes im Fixpunktsatz von KAKUTANI. II.5. formuliert sehr interessante Anwendungen (entsprechend dem Buchtitel) aus Ökonomie, Optimierung und Spieltheorie, II.6 geht nochmals auf den Zusammenhang zwischen Komplementarität und Fixpunkten ein.

Insgesamt kann gesagt werden, daß ein recht anregendes Buch über konstruktive Aussagen zu klassischen Gegenständen vorgelegt wird, wofür die dargelegte Skizze des Inhalts zeugen möge. Reichliche Literaturhinweise ergänzen die Darlegungen.

Merseburg — A. GÖPFERT

Schäffer, K.-A. (Hrsg.), Beiträge zur Zeitreihenanalyse, Göttingen. Vandenhoeck & Ruprecht. 1976. 152 S., DM 24,80. (Sonderhefte zum Allg. Statistischen Archiv 9)

Der Sammelband enthält überarbeitete Fassungen von Vorträgen, die sich mit Fortschritten und der Anwendung neuer Methoden in der Zeitreihenanalyse beschäftigen. Der erste Beitrag behandelt den Aufbau von Filtern bei zeitdiskreten linearen Systemen unterschiedlicher Zustands- und Frequenzart, wobei insbesondere Randwertprobleme betrachtet werden. Der zweite Artikel behandelt theoretische Grundlagen von ARMA- und ARIMA-Modellen, die Anwendung inverser Autokorrelations- sowie Dualisierungstechniken mit dem Ziel der vollständigen Systematisierung der Kenngrößen bei ARMA-Modellen sowie die Anwendung der BOX-JENKINS-Methode bei ARIMA-Modellen. Im dritten Beitrag wird die KALMANsche Theorie der Zustandsschätzung von Zeitreihen, die abweichend von anderen linearen Modelltypen in einem sog. Zustandsraummodell dargestellt sind, beschrieben. Die Methode, die eine Parameter-, oder allgemeiner, eine Zustandsschätzung durch ein System von Prädikations- und Korrekturgleichungen erreicht, wird mit dem Prinzip der kleinsten Quadrate im linearen Regressionsmodell und bei distruted lags verglichen. Zwei weitere Beiträge beschäftigen sich mit der Verwendung rekursiver Filter bei der Saisonbereinigung von Zeitreihen sowie mit dem Effizientenvergleich alternativer Verfahren zur Saisonbereinigung. In dem letzten Beitrag werden Erfahrungen bei der praktischen Anwendung einer neuen Variante eines in der Wirtschaftsstatistik der BRD angewendeten Verfahrens zur Saisonbereinigung mitgeteilt.

Berlin — H. TOUTENBURG

Möller, H.-D., Probleme der statistischen Spezifikation der Struktur von Eingleichungsmodellen, Göttingen. Vandenhoeck & Ruprecht. 1976. 116 S., DM 32,–. (Studien zur angewandten Wirtschaftsforschung und Statistik 3)

Mit diesem Buch legt der Verfasser eine ausgezeichnete Zusammenstellung von aus Einzelarbeiten bekannten Resultaten zum Problem der Modellwahl in klassischen Regressionsmodellen vor. Dabei wird die Modellwahl als Entscheidungsproblem zwischen einem nichtrestriktiven Gesamtmodell und einem (oder mehreren) restriktiven Teilmodell dargestellt. Basierend auf den jeweils optimalen Schätzungen (im Sinne erweiterter MSE-Kriterien) werden die Parameterbedingungen zur Annahme des restriktiven Modells abgeleitet. Die Ergebnisse lassen sich unmittelbar in die Testtheorie sowie in die Modellwahl unter dem Aspekt der optimalen Prognose einbetten. Zur praktischen Wertung der konkurrierenden Verfahren, zu denen auch die Ridge-Regression und Vortestschätzungen gehören, werden Monte-Carlo-Studien an konkreten Modellen durchgespielt. Der besondere Wert dieses Buches ist in der übersichtlichen Behandlung der verschiedenen Aspekte der Modellwahl zu sehen.

Berlin — H. TOUTENBURG

Stetter, H. J., Numerik für Informatiker, Computergerechte numerische Verfahren, Eine Einführung, München-Wien. R. Oldenbourg Verlag. 1976. 149 S., DM 19,80.

Der stürmische Fortschritt bei der Entwicklung und Anwendung von elektronischen Rechenautomaten führte nicht nur zu einer intensiven Ausweitung der Numerischen Mathematik, sondern auch zur Herausbildung einer sich schnell verselbständigenden Wissenschaftsdisziplin, der Informatik. Das vorliegende Buch ist aus Vorlesungen über Numerische Mathematik entstanden, die der Autor für Informatik-Studenten abgehalten hat. Deshalb stehen bei der Herleitung der numerischen Verfahren nicht die mathematische Strenge, sondern deren Verwendungen auf elektronischen Rechenautomaten und daraus resultierende Fragen im Vordergrund. Das Buch ist in 10 Kapitel unterteilt. Im ersten Kapitel wird auf einige Probleme bei der Benutzung von elektronischen Rechenautomaten (Endlichkeit des Automaten, Implementierung, Fehlerarten, Kondition) hingewiesen. Das zweite Kapitel beschäftigt sich mit Zahlendarstellungen und deren Verwendung bei Maschinenoperationen. Im dritten Kapitel wird auf die bei numerischen Rechnungen wichtigen Fragen der Rundungsfehler, der Fehlerfortpflanzung und der Fehlerabschätzung eingegangen, dabei ist auf die Intervallarithmetik und statistische Fehlerabschätzungen hingewiesen. Das vierte Kapitel ist der numerischen Approximation von nichtrationalen Funktionen, insbesondere durch Polynome, gewidmet. Im fünften Kapitel werden Iterationsverfahren zur Nullstellenbestimmung von Gleichungen angegeben, und das sechste Kapitel befaßt sich ausführlich mit der numerischen Auflösung von linearen Gleichungssystemen. Die Interpolation von Funktionen mit Polynomen, rationalen Funktionen und Spline-Funktionen wird im siebenten Kapitel behandelt. Inhalt des achten Kapitels sind Verfahren der numerischen Integration und Differentiation (einfache Integrationsformeln, GAUSS-Integration, ROMBERG-Integration). Die numerische Lösung des Anfangswertproblems bei Systemen gewöhnlicher Differentialgleichungen und damit verbundene Probleme der Diskretisierung, der Schrittweitensteuerung und der Fehlerabschätzung sind Gegenstände des neunten Kapitels. Im zehnten Kapitel schließlich werden einige Aspekte für die Bereitstellung von Programmpaketen angeführt. An jedes Kapitel sind Übungsaufgaben zum behandelten Stoff angeschlossen, und in einem Anhang werden die im Buch behandelten Algorithmen in knapper Darstellung angegeben. Das Buch das hauptsächlich für Studenten der Informatik gedacht ist, macht den Leser in einfacher und übersichtlicher Form mit einigen wichtigen Algorithmen der Numerischen Mathematik bekannt.

Berlin — H. FRIEDRICH

Young, J. F., Einführung in die Informationstheorie, München-Wien. R. Oldenbourg Verlag. 1975. 206 S., 51 Abb., DM 28,–.

Die Informationstheorie der Nachrichtentechnik gehört heute zum Grundwissen aller Informationstechniker. Sie hat aber auch sehr breite Anwendungen auf vielen anderen Gebieten gefunden. Damit besitzt sie in der Wirtschaft allgemeine Bedeutung und verlangt für den Nachwuchs gute Einführungen. Das vorliegende Buch erschien 1971 und stammt aus der Feder eines Ingenieurs, der auf dem Gebiet der Psychologie arbeitet. Hieraus resultiert vielleicht auch die recht klare Sprache.

In zwölf Abschnitten werden alle wesentlichen Grundlagen, also kurz zusammengefaßt, Entropieformel und ihre Interpretation, Verbundinformationen, Relation Bandbreite—Geschwindigkeit, Abtasttheorem, Rauschhyperkugel, Leistung und Bandbreite sowie Übertragungsgeschwindigkeit behandelt. Die dabei vorausgesetzten mathematischen Grundlagen sind bewußt gering gehalten. Außerdem gibt noch ein Anhang Hinweise auf den Umgang mit Wahrscheinlichkeiten. Insgesamt liegt also eine durchaus zu empfehlende Einführung für Studenten der ersten Semester der Nachrichtentechnik und für Nichtnachrichtentechniker, die aber die Informationstheorie anwenden sollen bzw. müssen, vor. Ein umfangreiches Literaturverzeichnis (fast 300 Titel) kann zur weiteren Vertiefung führen. Es ist allerdings bedauerlich, daß der Übersetzer die ursprünglich deutschsprachigen Titel in der englischen Übersetzung hat stehen lassen. Ein Nachteil, der bereits das englische Original betrifft, besteht darin, daß es im Text keine Literaturhinweise gibt. Sehr wahrscheinlich möchte ein Leser doch mehr darüber wissen, wie z. B. das ZIPFsche Diagramm oder der MARKOFF-Einfluß bezüglich der Buchstabenfolge in einem Wort entstanden sind (S. 64 + 65).

Auch die zwischendurch eingeschobenen geschichtlichen Teile besitzen Schwächen. So fehlt z. B. der Hinweis auf die entscheidenden Arbeiten von KOTELNIKOFF.

Insgesamt muß aber dem Verlag gedankt werden, daß er diese im großen ganzen gute Einführung in deutscher Sprache herausgebracht hat. Sie wird mit Gewißheit viel verwendet werden.

Berlin H. VÖLZ

GI – 6. Jahrestagung, Stuttgart vom 29. 9. – 1. 10. 1976, Hrsg. Neuhold, E. J., Berlin-Heidelberg-New York. Springer-Verlag. 1976. X, 484 S., 88 Abb., 8 Tab., DM 39,–. US $ 16.– (Informatik-Fachberichte 5).

Die Jahrestagungen der Gesellschaft für Informatik umfassen ein weites Gebiet. Der vorliegende Band enthält Hauptvorträge über Probleme der Speichersicherung (G. RADIN), den Datenfluß in Netzen (L. POUZIN), allgemeine Entwicklungs- und Organisationsfragen der Datenverarbeitung (P. SCHMITZ) und Anwendungen der graphischen Datenverarbeitung (J. ENCARNACAO). Den Mathematiker dürften die insgesamt 20 Beiträge über formale Sprachen, Programmierungssprachen, Operationssysteme und künstliche Intelligenz besonders interessieren. Von den Arbeiten über formale Sprachen sei neben Beiträgen zu speziellen Grammatiken eine Arbeit von O. MAYER über kanonische Bottom-up-Analyse hervorgehoben, die eine Theorie dieses weit verbreiteten Verfahrens enthält. Der aktuellen Problematik der Programmverifikation sind Arbeiten von L. AMMERAAL (How program statements transform predicates) und G. de MICHELIS, G. A. LANZARONE, C. SIMONE (Program proving: Exit and return jumps in structured programs) gewidmet. In einer Arbeit von H. DIEL (Language representation based on abstract syntax) werden bei der Definition von Programmierungssprachen auftretende Probleme auf der Grundlage der in der Wiener Methode benutzten abstrakten Syntax behandelt. Ein Artikel von K.-J. RÄIHÄ und M. SAARINEN gibt einen guten Überblick über den derzeitigen Stand der automatischen Erzeugung von Compilern (Compiler writing systems). In den Arbeiten zu Operationssystemen werden eine Anzahl bedienungstheoretischer Probleme betrachtet. In einer interessanten Arbeit von F. SCHMIDT (Symbolische Lösung von Differentialgleichungen 1. Ordnung und 1. Grades durch heuristische Programmierung) wird untersucht, wie analytische Methoden zur Lösung von Differentialgleichungen maschinell realisiert werden können. Das dazu entwickelte Programmsystem wurde u. a. an der Differentialgleichungssammlung von KAMKE überprüft und war dabei zu 90% erfolgreich. Hierbei wurden auch bei KAMKE nicht angegebene Lösungswege gefunden. Weitere Arbeiten befassen sich mit allgemeiner Datenverarbeitung (Data bases und Data structures) sowie mit Hardware-Entwicklung. Insgesamt gibt der vorliegende Tagungsbericht eine gute Übersicht über derzeit aktuelle Probleme des Fachgebietes.

Berlin K.-H. BACHMANN

Lauber, R., Prozeßautomatisierung I, Aufbau und Programmierung von Prozeßrechensystemen, Berlin-Heidelberg-New York. Springer-Verlag. 1976. VIII, 263 S., 125 Abb., DM 48,–. US $ 19.70.

Der Autor hat sich hier bemüht, ein Lehrbuch zu schreiben. Dies ist insofern bedeutsam, da die Prozeßautomatisierung in der Regel praktisch von autodidaktischen Spezialisten realisiert wird. Der Prozeßrechner stand etwas unerwartet zur Verfügung und wurde mit mehr oder weniger Erfolg eingesetzt. Das gesamte Lehrbuch wird in zwei Bänden angeboten, der erste liegt aber erst vor. Der zweite Band soll den Verfahren beim Einsatz von Prozeßrechnern zur Überwachung, Steuerung, Regelung, Optimierung und Sicherung technischer Prozesse gewidmet sein. Der erste Band ist in drei große Teile gegliedert, die der Einführung, dem gerätetechnischen Aufbau und der Programmierung gewidmet sind.

Im ersten Teil werden auf 60 Seiten der technische Prozeß und seine Grundtypen (Fließ-,Folge- und Stückprozeß), die für den Einsatz von Prozeßrechnern zu durchlaufenden Stufen, der strukturelle Aufbau und Bestandteile von Automatisierungssystemen sowie der Entwurf von Prozeßautomatisierungssystemen behandelt.

Der zweite Teil, fast 100 Seiten, ist wiederum in 4 Abschnitte gegliedert, die auf die Zentraleinheit des Rechners, die Peripheriesysteme, die Ein- und Ausgabe sowie auf die störsichere Signalübertragung eingehen. Bei der Zentraleinheit ist die Behandlung so gewählt, daß auch das Anliegen, in Richtung Mikroprozessoren wirksam zu werden, bereits sichtbar wird. Bei der Peripherie werden auch die Bus-Systeme und das handshake-prinzip sowie CAMAC behandelt. Die AD- bzw. DA-Wandler werden allerdings nur ganz kurz erwähnt.

Der dritte Teil setzt sich gründlich mit den Besonderheiten und Problemen der Echtzeitprogrammierung auseinander. Der Autor geht hier den interessanten Weg mit einem Minimalsystem, das noch sehr gut geschlossen zu durchschauen ist, zu beginnen und es dann schrittweise auszubauen. Eine Methode, die heute für Lehrbücher viel zu selten angewendet wird und besonders für das autodidaktische Erlernen geeignet ist. Die Vielfalt der Systemunterlagen wird dann übersichtlich tabellarisch klassifiziert. Dabei wird auch eine einheitliche Benennung zu geben versucht. In ähnlicher Weise werden dann die verschiedenen Ebenen der Programmiersprachen behandelt und insbesondere die 1968 entwickelte Sprache PEARL erklärt und an einigen Anwendungsbeispielen demonstriert.

Zu jedem der insgesamt 13 Abschnitte sind Literaturzitate angefügt. Das Buch beschließt ein Sachwortverzeichnis. Das Buch ist in allen Abschnitten solide aufgebaut. Es kann in vielerlei Hinsicht durchaus als Lehrbuch bezeichnet werden.

Berlin H. VÖLZ

Aigner, H., Schlüssel zur englischen Fachsprache der Mathematik und Datenverarbeitung, Wien-München. R. Oldenbourg. Verlag. 1975. 73 S., DM 16,80. (Reihe: Fortbildung durch Selbststudium)

Der Autor, Verfasser von Lehrbüchern für technisches Englisch und für Datenverarbeitung, will mit dem Büchlein einen Grundstock für das Verständnis der Fachsprache in Mathematik und Datenverarbeitung legen und damit mithelfen, linguistische Schwierigkeiten bei der Verwertung der Fachliteratur oder bei der Teilnahme an Vorträgen und dem Abhalten eigener Vorträge in englischer Sprache zu überwinden. Die einzelnen Abschnitte behandeln Ganze Zahlen; Buchstabenschreibweise; Rationale Zahlen und Grundrechenoperationen; Planimetrie; Potenzen, Wurzeln, Logarithmen; Analytische Geometrie, Aussagen, Mengen, Funktionen, Beweise; Differential- und Integralrechnung; Gleichungen, Matrizen, Vektoren; Stereometrie, verschiedene Geometrien; Statistik und Wirtschaftsmathematik; Elektronische Datenverarbeitung. Es handelt sich also um die Anfangsgründe der Mathematik und Datenverarbeitung, doch treten erfahrungsgemäß gerade dabei besonders häufig linguistische Schwierigkeiten auf. Es gelingt dem Verfasser, auf jeweils wenigen Seiten in anregender Darstellung die wesentlichsten Begriffe und Schwierigkeiten zu behandeln. Dabei ist eine Fülle allgemeinerer Bemerkungen eingestreut, etwa zum Datum, zu Telefonnummern, zur Aussprache der griechischen Buchstaben. Die durchgehende Lautschriftangabe, bei Unterschieden stets getrennt für britisches und amerikanisches Englisch, sowie ein ausführliches Register erleichtern die Benutzung, Sogar auf Vereinfachung gegenüber den Regeln, denen man bei Fachvorträgen von Engländern und Amerikanern häufig begegnet (etwa bei der Klammerbezeichnung), wird eingegangen.

Das Büchlein kann sehr empfohlen werden, es ist wichtig neben Materialsammlungen zum Nachschlagen (wie STÄDTLER/NIEMANN, Symbolik und Fachausdrücke Mathematik-Physik-Chemie Englisch-Deutsch-Russisch, VEB Verlag Enzyklopädie Leipzig), für den Erwerb von Fertigkeiten bei eigenen Vorträgen und Fachdiskussionen ist es eine wahre Fundgrube.

Berlin G. SCHMIDT

Schneider, H.-J. / Nagl, M. (Hrsg.), Programmiersprachen, 4. Fachtagung der GI in Erlangen 1976, Berlin-Heidelberg-New York. Springer-Verlag. 1976. 270 S., 39 Abb., DM 25,–. US $ 10.30. (Informatik-Fachberichte 1).

Die Schrift enthält die Vorträge der 4. Fachtagung über Programmiersprachen, veranstaltet von der Gesellschaft für Informatik (BRD). Die Auswahl der 22 veröffentlichten Vorträge wird durch das Bemühen charakterisiert, moderne Forschungs- und Entwicklungslinien des Fachgebietes auszuweisen.

Relativ breiten Raum nehmen Ausführungen zur Formalisierung der Semantik von Programmiersprachen, zur Programmierverifikation sowie zur Fehlerdiagnose ein. Es gibt Bemühungen, die axiomatische Definitionsmethode auf „komplexere" Sprachen anzuwenden, wobei u. a. Fragen der mehrfachen Zugriffswege (Äquivalenzen), der Wertartanpassungen, der Wertübergabe in ausdrucksorientierten Sprachen erörtert werden.

Probleme der Echtzeitprogrammierung für die Prozeßrechentechnik sind mit nur zwei Beiträgen bedacht. Sie behandeln Fragen des Dialogs und der räumlichen verteilten Prozessorstationen.

Die Diskussion von Programmiersprachen und -sprachenversionen umfaßt ein vergleichsweise breites Spektrum von Fragestellungen: Systemprogrammierung, mittlere Datentechnik, Programmentwurf, graphische Datenverarbeitung, Fragen der syntaktischen Darstellung sowie Fragen des Sprachentwurfs.

Die Behandlung theoretisch-methodischer Grundlagen umfaßt Probleme der Compiler-Korrektheit, der Entscheidbarkeit der formalen Erreichbarkeit von Prozeduren, der Datenunabhängigkeit von Programmbausteinen, der verallgemeinerten theoretischen Beschreibung serieller Algorithmen.

Interessanterweise tritt die Behandlung von Compiler-Compiler-Problemen (ein Beitrag) bzw. die Frage der Realisierung von Vielsprachsystemen in den Hintergrund. Das gilt entsprechend für Implementierungsprobleme und andere Aufgabenstellungen mehr ingenieurmäßigen Charakters (auf die Lücke zwischen Forschung und Anwendung wird im Vorwort explizit hingewiesen, ein offensichtlich auch in der Zukunft noch aktuelles, allgemeines Problem).

Dresden G. Stiller

Meinhardt, J., Grundlagen der mathematischen Analyse digitaler Speicherelemente, Leipzig. Akademische Verlagsgesellschaft Geest & Portig. 1976. 120 S., 62 Abb., M 35,– (Wissenschaftliche Monographien der Elektrotechnik 4).

Das vorgelegte Buch von Meinhardt entstand aus einer Dissertation an der Technischen Hochschule Ilmenau 1970. Es behandelt das Verhalten digitaler Speicherelemente unter dem auf diesem Gebiet völlig unüblichen Aspekt der Stabilität und Instabilität von Regelkreisen. Dieser theoretisch sehr interessante und lobenswerte Versuch wird an den Beispielen von Ferritringkernen, ebenen magnetischen Dünnschichtelementen und Tunneldiodenelementen veranschaulicht. Leider haben alle diese Speicher durch den überaus raschen Fortschritt der Halbleiter-Technik bzw. der Mikroelektronik inzwischen keine Bedeutung mehr. Der Referent kann es nur zu gut verstehen, wenn der Autor Speicherelemente auswählt, die in mathematischer Hinsicht besonders interessant sind und die in seine Methodik besonders gut passen. Wenn aber in dem vorliegenden Büchlein Halbleiter-Speicherelemente wegen ihrer Kompliziertheit überhaupt nicht behandelt werden und wenn es dem Leser schwerfällt, zu erkennen, wie die allgemeine Methodik gerade dort angewandt werden kann und ob sie auch dort einen praktischen Nutzen erbringt, so bleiben doch ganz wesentliche Fragen unbeantwortet. Dem Autor und dem Verlag wäre eine möglichst baldige Bearbeitung in dieser Hinsicht zu empfehlen, zumal mit Recht die große und ständig wachsende Bedeutung der Speichertechnik hervorgehoben wird.

Darmstadt W. Hilberg

Leitmann, G., Einführung in die Theorie optimaler Steuerung und der Differentialspiele, Eine geometrische Darstellung, München-Wien. R. Oldenbourg. 1974. 232 S., 76 Abb., DM 58,–.

Dieses Buch entstand aus Vorlesungen, die an der Universität Berkeley vor Ingenieurstudenten des fünften Studienjahres gehalten wurden. Daraus ergeben sich sowohl das Ziel der Darstellung — Einführung in die Theorie der optimalen Steuerung deterministischer, durch gewöhnliche Differentialgleichungen charakterisierter Systeme mit integralen Bewertungen — als auch die Voraussetzungen an die mathematischen Vorkenntnisse — Differential- und Integralrechnung und gewöhnliche Differentialgleichungen. Davon ausgehend wird, in durchweg geometrischer Betrachtungsweise, zunächst das Maximumprinzip für den einfachsten Fall entwickelt und für den Fall zeitoptimaler Steuerungen linearer, zeitinvarianter Systeme ausführlich erörtert. Es folgt eine Reihe von Verallgemeinerungen (Endlagenbewertung, nichtautonome Systeme, zustandsabhängige Beschränkungen des Steuerungsgebietes, Beschränkungen der Zustandsvariablen sowie gewisse parametrische Probleme). Bis hierhin handelt es sich um eine unveränderte Übersetzung der 1966 erschienenen englischen Ausgabe (An Introduction to Optimal Control, McGraw-Hill Bool Company). Neu hinzu gekommen sind je ein Kapitel über hinreichende Bedingungen (etwa in dem von Kalman, Athans und Falb sowie Boltjanskij angegebenen Umfang) und über deterministische Differentialspiele mit vollständiger Information. Letzteres läßt sich relativ leicht auf die vorher behandelten Fälle zurückführen.

Die Darlegungen werden durch zahlreiche, ausführlich erörterte Beispiele (meist idealisierte Raketenprobleme) ergänzt. In einem Anhang werden die eingeführten Begriffe anhand eines sehr einfachen, durchgängigen Beispiels erläutert. Weiterhin finden sich im Anhang Sätze über die Existenz optimaler Steuerungen, Beziehungen zur Variationsrechnung (Euler, Lagrange, Legendre, Weierstrass, Transversalität) sowie Beziehungen zwischen der Existenz offener und rückgekoppelter Steuerungen.

Durch die geometrische Darstellung wird versucht, beim Leser nicht nur formales, sondern auch inhaltliches Verständnis zu wecken. Es ist jedoch zu befürchten, daß das angestrebte intuitive Verständnis spätestens beim Übergang auf nichtreguläre Fälle erhebliche Schwierigkeiten bereitet.

Dresden J. Uhlig

Manes, E. G., Algebraic Theories, Berlin-Heidelberg-New York. Springer-Verlag. 1976. IX, 356 S., DM 55,70. US $ 22.20. (Graduate Texts in Mathematics 26).

Das Ziel des Buches ist es, eine moderne kategorientheoretische Form algebraischer Theorien und ihrer Modelle, der universalen Algebren, einzuführen und anzuwenden. In Kap. I und III wird die Theorie hierzu in drei verschiedenen Abstraktionsstufen und nicht nur die Wandlung der Form sondern auch der Art der Fragestellungen erarbeitet. Gleichzeitig ist der Verfasser anhand zahlreicher Beispiele aus verschiedensten Bereichen der Mathematik um die Veranschaulichung des Umfangs und der Bedeutung algebraisch-kategorientheoretischer Strukturbegriffe bemüht. In Kap. I (Algebraic theories of sets) wird die gewöhnliche Birkhoffsche Theorie der Varietäten (d. h. gleichungsdefinierten Klassen) universaler Algebren entwickelt. Im Mittelpunkt steht der Birkhoffsche Satz über die Charakterisierung der Varietäten als Klassen universaler Algebren, die bezüglich Produkten, Teilalgebren und Homomorphismen abgeschlossen sind. Dabei werden nur einfache und naheliegende kategorientheoretische Begriffe verwandt. Hervorzuheben sind indessen zwei einander wechselseitig eindeutig entsprechende, durch viele Beispiele erläuterte, formal sehr verschiedenartige allgemeine Theorien-Begriffe: algebraische Theorien in Clone (= „closed set of operations" —) Form $\mathbf{T} = (T, \eta, 0)$ bzw. in Monoid-Form $\mathbf{T} = (T, \eta, \mu)$ in einer Kategorie. Ihnen entsprechen als Modelle universale Algebren im Sinne von Birkhoff bzw. Eilenberg-Moore. Der hiermit koextensive, historisch frühere kategorientheoretische Formalismus von Lawvere (1963) liegt den einschlägigen Lehrbüchern und Lecture Notes von B. Pareihis (1970), H. Schubert (1972), A. Kock (1968) und G. C. Wraith (1970) zugrunde und wird hier in einer Übungsaufgabe erwähnt. Es ist zu begrüßen, daß der in theoretischen Untersuchungen heute vielfach im Vordergrund stehenden Monoid-Form breiter Raum eingeräumt wird. In Kap. II (Trade secrets of category theory) werden einige grundlegende Begriffe und Sätze (mit Beweisen) aus der reinen Kategorientheorie zusammengestellt, soweit mit ihnen jeder theoretische Mathematiker heute vertraut sein sollte. Kap. III enthält drei Schwerpunkte: 1. Das (implizit von Lawvere 1963 formulierte) Theorem über die Adjungiertheit von Struktur und Semantik (Theorem 2.10, p. 213). In einer Übungsaufgabe dazu wird die Beziehung zur die ursprüngliche LAWVEREsche Fassung erweiternden Studie von LINTON hergestellt. 2. Universale Algebra in regulären Kategorien (d. h. solchen, in denen das abstrakte Prinzip der Epi-Mono-Faktorisierbarkeit von Homomorphismen gilt). Hier werden die Varietäten und Quasivarietäten entsprechenden konkreten Kategorien universaler Algebren rein abstrakt als Teilkategorien regulärer Kategorien mit gewissen Abschließungseigenschaften charakterisiert (vgl. insbesondere W. S. HATCHER, 1970). 3. Tensor-Produkt von Theorien. Kap. IV (Some applications and interactions): 1. Minimal algebras: Interactions with topological dynamics. 2. Free algebraic theories: The minimal realization of systems. 3. Nondeterminism. Das Literaturverzeichnis enthält fast 250 Hinweise. An jeden Abschnitt sind Anmerkungen und weiterführende Aufgaben angeschlossen. Auf S. 14, Z. 4, muß es „. . . the Tychonoff cartesian power" heißen. Das Buch ist eine natürliche Ausdehnung der Ideen einer kleinen Gruppe von Mathematikern, von denen viele am Forschungsinstitut für Mathematik der Eigdenössischen Technischen Hochschule in Zürich während des akademischen Jahres 1966-67 weilten („Züricher Schule"). Die Stoffauswahl macht es für ein Selbststudium geeignet, doch wird eine gewisse Vertrautheit mit allgemeinen algebraischen Strukturen vorausgesetzt.

Berlin H.-J. HOEHNKE

In der DDR beziehbar im Rahmen des Kontingents.

EINGEGANGENE BÜCHER

Bei der Schriftleitung sind folgende Bücher eingegangen (ausführliche Besprechung bleibt vorbehalten).

Ehrhart, E., Polynomes arithmétiques et Méthode des Polyèdres en Combinatoire. Basel-Stuttgart. Birkhäuser Verlag. 1977. 165 S., sFr. 32.– (ISNM 35).

Hunter, S. C., Mechanics of Continuous Media. Coll House-Westergate-Chichester-Sussex. Ellis Horwood Publ., 1976. 567 S., cl.: £ 15.–, $ 28.50, paper: £ 6.90, $ 13.95 (Mathematics and its Applications).

Faddejew, D. K. / Faddejewa, W. N., Numerische Methoden der linearen Algebra. 4. Aufl., München-Wien. R. Oldenbourg-Verlag. 1976. 782 S., 35 Abb., DM 108,–.

Mathematische Modellbildung in Naturwissenschaft und Technik. Hrsg. Klix, F. / Schmelowski, K.-H. / Sydow, A. / Peschel, M. / Zwick, W., Berlin. Akademie-Verlag. 1976. 232 S., M 32,–.

Lu, Y.-C., Singularity Theory and an Introduction to Catastrophe Theory. Berlin-Heidelberg-New York. Springer-Verlag. 1976. XII, 199 S., 78 Abb., DM 29,30. US $ 12.– (Hochschultext).

Vainikko, G., Funktionalanalysis der Diskretisierungsmethoden. Leipzig. BSB B. G. Teubner Verlagsgesellschaft. 1976. 136 S., M 14,– (Teubner-Texte zur Mathematik).

Berichtigung

R. RAUTMANN, Approximationen für Navier-Stokes-Probleme, ZAMM 57, T249—T251 (1977).

In der Formel (I.1) ist der Exponent durch $-(j + \iota)/2$, in (I.3) durch $-(i + \iota)/2$ zu ersetzen.

FSC
www.fsc.org
MIX
Papier | Fördert gute Waldnutzung
FSC® C083411

Zeitfracht Medien GmbH
Ferdinand-Jühlke-Straße 7
99095 Erfurt, Deutschland
produktsicherheit@kolibri360.de